MERT IRMAĞI HAVZASI'NDA (SAMSUN) DOĞAL AFET RİSKLERİNİN ANALİZİ

Mert Irmağı Havzası'nda (Samsun) Doğal Afet Risklerinin Analizi

Dr. İnci DEMİRAĞ TURAN

ISBN: 978-625-7669-62-7

1. Baskı: Kriter Yayınevi 2021 / İSTANBUL

Yayınevi Sertifika No: 45353

Anahtar Kelimeler: Taşkın riski, heyelan riski, erozyon riski

Birinci Baskı, 130 s. 16 cm x 23,5 cm

Kaynaklar var, Dizin Yok.

Kapak Tasarımı: Ahmet Baran

Mizanpaj: Kriter Yayınevi

Baskı: Çözüm Baskı Merkezi Ticaret Limited Şirketi

Emniyetevleri Mahallesi Güvercin Sokak No:7/1 Kağıthane / İstanbul

Matbaa Sertifika No: 49099

İletişim:

Kriter Yayınevi

Hobyar Mah. Ankara Cad. Güncer Han No: 17 Daire 306

Fatih / İSTANBUL

Tel: 0 212 527 31 89

info@kriteryayinevi.com

www.kriteryayinevi.com

MERT IRMAĞI HAVZASI'NDA (SAMSUN) DOĞAL AFET RİSKLERİNİN ANALİZİ

Dr. İnci DEMİRAĞ TURAN

Birinci Baskı

2021 – İstanbul

KRİTER

Canım Eşime ve kızıma....

ÖNSÖZ

İnsan nüfusunun artmasıyla ihtiyaçlar da artmaktadır. Sınırsız ihtiyaçları karşılamak için üretim artışındaki hız atmosfere salınan karbondioksit miktarını da etkilemekte ve günümüzde bile etkisini görmeye başladığımız küresel iklim değişikliğini oldukça hızlandırmaktadır. Sanayileşme, yanlış arazi kullanımı, yanlış tarım teknikleri, tarım arazilerinin yerleşmeye açılması gibi sebeplerle arazi üzerine baskı gün geçtikçe artmaktadır. Bu baskı ile doğal olan bazı süreçler afet karakteri kazandırmaktadır.

Türkiye jeolojik, topografik ve meteorolojik yapısı nedeniyle doğal kaynaklı afetlere maruz kalmaktadır. Küresel Risk Yönetimi Endeksi (INFORM) 2012'de modellenmiş ve 191 ülkedeki insani krizleri ve afetlerin risklerini ölçmeyi ve sıralayabilmeyi amaçlamaktadır. 2020 verilerine göre Türkiye 5.0 endeks puanı ile yüksek riskli ülkeler arasında ve son üç yıldır da riskin artma eğilimi olan ülkeler arasındadır. Bu doğrultuda Türkiye'de yapılacak risk değerlendirmesi çalışmaları yapılacak olan planlama, müdahale ve iyileştirme çalışmaları açısından önem arz etmektedir.

Mert Irmağı kıyı kesiminde geçmişte yaşanan taşkın afetleri ve yerleşim alanlarını etkileyen heyelan olayları ile karşı karşıyadır. Ayrıca iç kesimlerde de erozyon riskinin olduğunu söylemek mümkündür. Böylesi bir özellikteki sahanın doğal afet risk açısından değerlendirilmesi, olası risk yerlerinin tespit edilmesi ve sonuçlarının tartışılması bakımından oldukça önemlidir.

Bütün bu gerekçelerle günümüz Coğrafi Bilgi Sistemleri (CBS) teknolojilerinin de kullanılmasıyla Mert Irmağı Havzası'nda afet risk analizleri yapılmış ve önerilerde bulunulmuştur. Ayrıca arazi planlamalarının oluşturulmasına da katkı sağlayacağını temenni etmekteyiz.

Çalışmanın birinci bölümü giriş kısmından oluşmaktadır. Çalışmanın konusu, amacı ve önemi ve çalışma alanının yeri ve sınırları ele alınmıştır. İkinci bölümü ise yöntem ve malzemeler oluşturmaktadır. Üçüncü bölümde araştırma sahasının doğal ortam özellikleri jeolojik, topografik, iklim, hidrografya, toprak, arazi kullanımı, nüfus ve yerleşme özellikle başlıkları ile incelenmiştir. Dördüncü bölümde de araştırma sahasındaki doğal afet riski oluşturan taşkın, erozyon ve heyelan riskleri ayrı ayrı başlıklarda ele alınmıştır.

Akademik hayatım boyunca her zaman fikirlerini ve yol gösterici katkılarını esirgemeyen Prof. Dr. Orhan DENGİZ'e sonsuz teşekkürlerimi sunarım. Çalışma esnasında arazi çalışmalarına birlikte yürüttüğüm ve süreç içerisinde sabırlı ve özverili olan ve beni her zaman cesaretlendiren sevgili eşim Mümin TURAN'a candan teşekkür ederim.

Dr. İnci DEMİRAĞ TURAN

Samsun, 2021

İÇİNDEKİLER

ŞEKİLLER LİSTESİ

TABLOLAR LİSTESİ

1. BÖLÜM

GİRİŞ

1.1. Araştırmanın Konusu, Amacı ve Önemi

Doğal kaynaklardan birisi olan toprak, günümüzde hızla artan dünya nüfusu ve insanoğlunun sınırsız talebi yüzünden her geçen gün üzerindeki olan baskı artmaktadır. Yenilenmesi mümkün olmayan ve oluşumu çok uzun yıllar alan toprak, bu baskıyı karşılamakta yetersiz kalmaktadır. Yanlış arazi kullanımı, toprağa ve iklime uygun olmayan tarım ürünlerinin seçimi, şehirleşmenin artması ve araziye uygun olmayan planlamanın yapılması gibi nedenlerle; taşkın, heyelan ve erozyon gibi doğal afetlere insanoğlunun maruz kalmasına neden olmaktadır.

Sınırsız ihtiyaçları karşılamak için artan üretim nedeniyle atmosfere salınan karbondioksit miktarı artmakta ve günümüzde bile etkisini görmeye başladığımız küresel iklim değişikliğini oldukça hızlandırmaktadır. Küresel iklim değişikliği karşılaştırılabilir bir zaman periyodunda gözlenen doğal iklim değişikliğine ek olarak, doğrudan ya da dolaylı olarak atmosferin bileşimini bozan insan etkinlikleri sonucunda iklimde oluşan değişikliktir (Anonim, 2019a). Bu durumda aşırı hava olaylarının görülmesi ve bunların afet karakteri kazanması kaçınılmaz bir haldedir. Doğal afetler, Birleşmiş Milletler (BM) tarafından toplumun sosyo-ekonomik ve sosyokültürel faaliyetlerini önemli ölçüde aksatan, can ve mal kayıplarına neden olan fakat "yerel imkânlar ile baş edilemeyen" doğa olayları olarak tanımlanmaktadır. Belki de doğal olarak gerçekleşecek olan olaylar insan hayatı kaybedildiğinde ve sosyo-ekonomik olarak zarar görüldüğünde afet haline gelir.

Günümüzde sanayileşme, yanlış seçilen yerleşim bölgeleri, doğanın tahrip edilmesi gibi insan aktiviteleri hidro-meteorolojik afetlerin etkilerini arttırmasına ve önümüzdeki yıllarda küresel iklim değişimi ve ülkemizde artan çarpık şehirleşmeden dolayı, (kuraklık, heyelan, ani seller ve deniz su seviye yükselmesi gibi) bu afetlerde önemli artışlar beklenmektedir (Kadıoğlu, 2008).

Çalışma alanını oluşturan Mert Irmağı Havzası, geçmişinde özellikle taşkın problemi görülen bir alandır. Bu durum başta havzanın içinde yer alan Samsun şehrini ve çevresindeki yerleşmeleri de etkilemektedir. Artan nüfusla birlikte çalışma alanında yanlış arazi kullanımı yürütülmekte, tarım alanları üzerine baskı artmaktadır. Bütün bu şartlar birleştiğinde çalışma alanı içinde erozyon riski de artmaktadır. Eğim değerlerinin yüksek olduğu yerlerde heyelan riski de mevcuttur. Bu çalışma ile Mert Irmağı Havzası'nda doğal kaynakların kullanımı ve oluşan afet risklerinden de hareketle risk haritalarının çıkarılması amaçlanmıştır. Risk haritaları oluşturulurken şu soruların cevabı aranmıştır:

- Havza'nın doğal ortam özellikleri nelerdir?
- Çalışma alanının nüfus ve yerleşme özellikleri nelerdir?
- Çalışma alanında arazi kullanım durumu nedir?
- Çalışma alanının toprak özellikleri nelerdir?
- Geçmiş dönemde yaşanmış taşkınlar nelerdir? Çalışma alanında taşkın risk durumu nedir? Taşkın oluşma riskinde taşkından etkilenebilecek alanlar nereler?
- Havza'da erozyon riskinin fazla olduğu alanlar nerelerdir? Erozyonu önlemek için alınması gereken önlemler nelerdir?
- Çalışma alanında heyelan risk durumu nedir? Heyelandan kaynaklanan problemler yaşanmış mı? Alınması gereken önlemler nelerdir?

Literatür çalışmaları sırasında Mert Irmağı Havzası'nın doğal afetleri konu alan bir çalışmaya rastlanmamıştır. Bu çalışma ile alanının fiziki, nüfus, yerleşme coğrafi özelliklerini ve çalışma alanında doğal afet karakteri kazanan problemler ele alınmış ve bu problemlere ait haritalar üretilmiştir. Bu haritalar yapılırken coğrafi bilgi sistemleri (CBS), arazi çalışmaları ve laboratuvar çalışmalarından faydalanılmıştır. Risk haritalarına ait olan bulgular ve sonuçlar bundan sonraki çalışmalarda da veri olarak kullanılabilecek ve yerel yöneticilere veri sağlayarak sonuçlar doğrultusunda planlama çalışmalarında öncülük edecektir.

Bu çalışma ile Samsun şehri başta olmak üzere önemli yerleşmelerin yer aldığı havzanın planlaması ve sürdürülebilir kullanımı için önemli bilimsel veri sağlamaktadır.

Özetle çalışmasının amacı Mert Irmağı Havzası'nın fiziki coğrafya, nüfus ve yerleşme özelliklerini ortaya koymak ve bu özellikler birlikte değerlendirerek havzanın taşkın, heyelan ve erozyon risk haritalarını üretmektir. Elde edilen sonuçlarla planlama boyutunda havza için bilimsel veri sağlanıp akılcı çözüm önerileri sunmaktır.

1.2. Araştırma Sahasının Yeri ve Sınırları

Araştırma sahası Mert Irmağı'nın su toplama alanını kapsamakta ve Karadeniz Bölgesi'nin Orta Karadeniz Bölümünde yer almaktadır (Şekil 1). Su bölümü hattı çevredeki Taşocağı Tepe (466 m) Köselitaş Tepe (756 m), Tepetarla Tepe (919 m), Doruk Tepe (1024 m), Karanlıkkap Tepe (1092 m), Kızıl Tepe (1254 m), Zıvalı Tepe (970 m), Ağulu Tepe (979 m), Kernil Tepe (848 m) ve Kurtalan Tepe'den (678 m) geçmektedir (Şekil 1). Çalışma alanı 40° 16' 49"- 41° 58' 13" kuzey enlemleri ile 35° 54' 36"- 36° 10' 40" doğu boylamları arasında kalır. Alan yaklaşık 817 km²'dir. Çalışma alanı Samsun ilindedir. Samsun ilinin kuzeyinde Karadeniz, güneyinde Amasya, güneydoğusunda Tokat, güneybatısında Çorum, doğusunda Ordu ve batısında ise Sinop illeri bulunmaktadır (Şekil 1). Çalışma alanı Samsun ilinin merkez ve Kavak ilçeleri sınırlarındadır. Alan 0 metre deniz seviyesinden başlayarak 1313 m yükseltiye kadar çıkmaktadır.

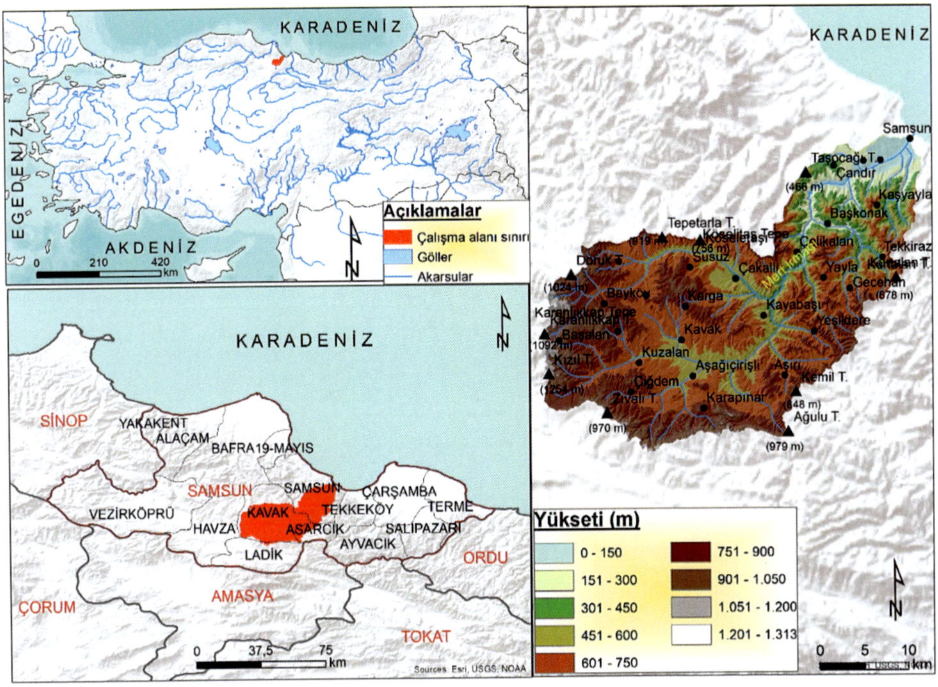

Şekil 1. Çalışma alanının lokasyon haritası

2. BÖLÜM

YÖNTEM VE MALZEMELER

Çalışma alanının öncelikli olarak genel fiziki coğrafya, nüfus ve yerleşme özellikleri ortaya konmaya çalışılmıştır. Bunun için Harita Genel Komutanlığı'na (HGK) ait 1/25.000 ölçekli paftalar ArcGIS 10.5v yazılımı yardımıyla sayısallaştırmıştır. Elde edilen Sayısal Yükseklik Modelinden (SYM) faydalanılarak 3D analiz teknikleri ile sahaya ait eğim ve bakı analizleri yapılmıştır.

Çalışmanın her bölümü için kullanılan yöntemler farklı başlıklarda ele alınmıştır ve şu şekildedir:

2.1. Jeoloji ile İlgili Araştırma Yöntemleri

Sahanın jeolojik özelliklerinin tespit edilmesi amacıyla MTA tarafından hazırlanmış 1/100.000 ölçekli jeoloji haritaları temin edilmiş ve ArcGIS 10.5v programı ile sayısallaştırılmıştır. Saha ile ilgili MTA raporları ve bilimsel çalışmalar incelenmiştir. Arazi çalışmaları ile de formasyonların yerinde tespiti yapılmıştır.

2.2. İklim Özellikleri ile İlgili Araştırma Yöntemleri

Araştırma sahasının iklim özelliklerini ortaya koymak için çalışma alanı içinde ve çevresindeki meteoroloji istasyonu verileri kullanılmıştır (Tablo 1). Çalışma alanına en yakın Samsun Bölge ve Ladik meteoroloji istasyonudur. Bu iki meteoroloji istasyonunun seçilmesinde uzun yıllık verilere sahip olması da etkilidir. Elde edilen meteoroloji istasyonu verileri enterpolasyon (interpolation) tekniği ile sıcaklık dağılış haritası ve Schreiber formülü katılarak araziye ait yağış haritası oluşturulmuştur.

Tablo 1. Araştırma sahası ve çevresindeki meteoroloji istasyonları ve rasat dönemleri.

İstasyonun Adı	Koordinatları	Yükseltisi (m)	Rasat Dönemi	Rasat Süresi (Yıl)
Samsun Bölge	41° 20' 39" K 36° 15' 23" D	4	1929 – 2019	90
Ladik	40° 54' 36" K 35° 54' 38" D	950	1976 – 1999	23

Ayrıca Samsun Bölge ve Ladik meteoroloji istasyonu verileri ile toprak nem ve sıcaklık rejimleri belirlenmiştir. Bunlar belirlenmesinde jNSM 1.6.0-Java Newhall Simülasyon Modeli (Van Wambeke ve ark., 1986, 1992; Newhall ve Berdanier, 1996; Van Wambeke, 2000), toprakların nem ve sıcaklık rejimleri sınıflarının belirlenmesinde Toprak Sınıflaması (Anonymous, 1999) kullanılmıştır. Bölgenin iklim sınıflarının belirlenmesinde ise Erinç (1965) ve Thornthwaite (1948) yöntemleri kullanılmıştır.

2.3. Hidrografya Özellikleri ile İlgili Araştırma Yöntemleri

İnceleme alanının hidrografik özellikleri belirlenirken 1/25.000 ölçekli topoğrafya haritaları kullanılarak ArcGIS 10.5 programı ile akarsular sayısallaştırılmıştır. Sahanın SYM görüntüsü ile ArcGIS 10.5 programı vasıtasıyla doğal akış yönleri, doğal akım ve Strahler metoduna göre çatallanma oranı üretilmiştir.

Akarsu rejimi ve akım özellikleri incelenirken DSİ gözlem istasyonları yönetim sistemi üzerinden izlenilen akım istasyonu verileri kullanılmıştır. Çalışma alanının çatallanma dizisi Strahler'in (1964) ileri sürdüğü formül yardımı ile hesaplanmıştır. Çatallanma oranı ise bir akarsuyun kollarının sırası ve belli sıradaki kollarının sırası arasındaki ilişkiye dayanarak hesaplanır (Atalay, 1986). Bu formül şu şekildedir:

Rb: Nu/Nu+1

Rb: Çatallanma oranı

Nu: Dizin Sayısı

Nu+1: Bir sonraki dizin sayısı

2.4. Toprak Özellikleri ile İlgili Araştırma Yöntemleri

Samsun İli Arazi Varlığı Raporlarından (Anonim, 1987) yararlanılarak çalışma alanının büyük toprak grupları, arazi kullanım kabiliyeti sınıfları ve derinlik özellikleri belirlenmiştir. Çalışma alanı topraklarının erozyona duyarlılığın belirlenmesinde K faktörü hesaplamaları yapılmıştır. Bu analizlerin yapılması için çalışma alanından 2,5 km aralıklarla toplam 91 yüzey (0-20 cm) toprak örneği alınmıştır (Şekil 2). Koordinatları önceden belirlenmiş olan noktalara GPS ile gidilerek örnekler alınmıştır. Alınan toprak örneklerinden K faktörü hesaplanması için toprakların organik madde, silt, kum, geçirgenlik ve strüktür analizleri yapılmıştır.

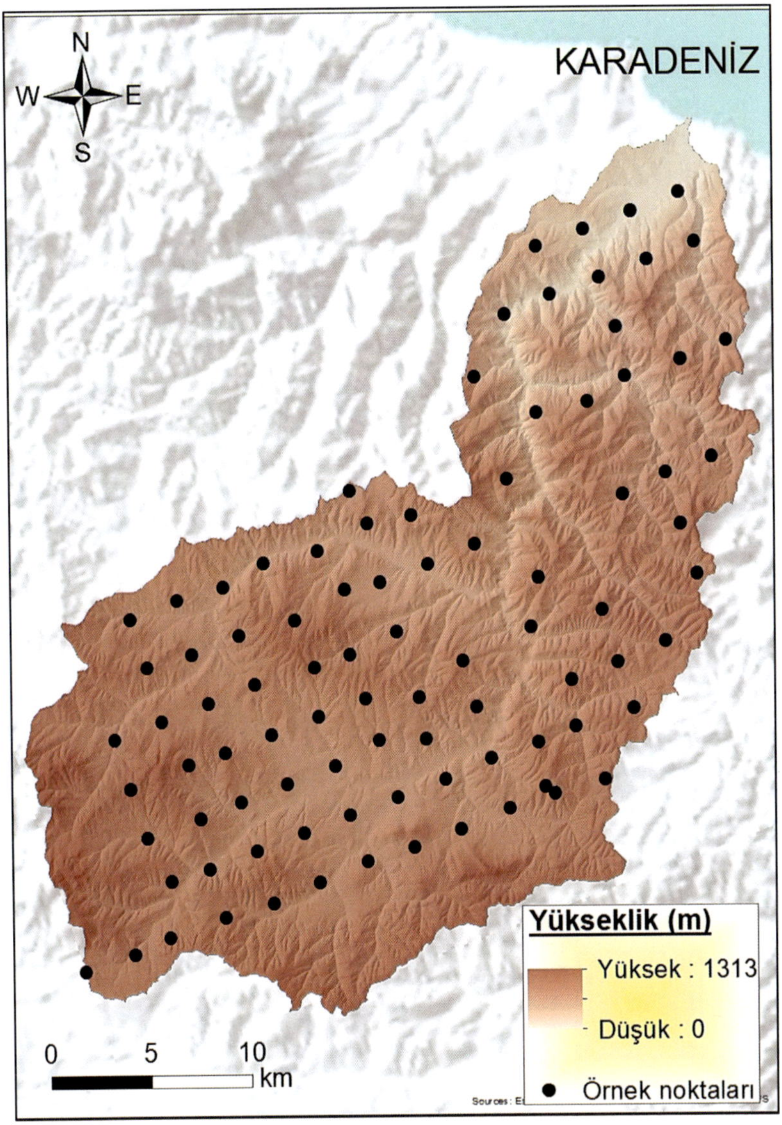

Şekil 2. Çalışma alanı toprak örnekleri haritası

Araziden alınmış 91 toprak örneğinin nem tayini için nemin gravimetrik (ağırlık) esasına göre belirlenmiştir. Tekstür analizi Stockes yasası esasına dayanarak kum, silt ve kil miktarları belirlenmiştir (Bouyocous, 1951). Organik madde miktarı tespitinde Walkley-Black yönteminin Jackson tarafından modifiye edilmiş şekli kullanılmıştır (Jackson, 1958). Hidrolik geçirgenlik, sabit su seviyeli hidrolik geçirgen setleri kullanarak belirlenmiştir (Klute ve Dirksen, 1986). K faktörü, her bir noktasal toprak örneği için yapılacak laboratuvar analizine dayalı olarak aşağıdaki eşitlikten yararlanılarak belirlenmektedir (Wischmeier ve Smith, 1978):

$$K= 1/100 \{2.1 \times 10^{-4} \times (12\text{-}OM) \times [SI \times (SA+SI)]^{1.14} + 2.5 \times (PE-3) + 3.25 \times (ST-2)\}$$

K: ta h ha^{-1} MJ mm^{-1}, OM: Organik Madde, SI: Silt içeriği, SA: Kum içeriği, PE: Geçirgenlik, ST: Strüktür.

K parametresinin dağılım haritaları oluşturulurken ArcGIS 10.5v programının enterpolasyon yöntemleri kullanılmıştır. Ters Mesafe Ağırlıklandırma (Inverse Distance Weighting /IDW), Radyal Tabanlı Fonksiyon (Radial Basis Function /RBF) deterministik yöntemler ile stokastik yöntemlerden de (temelde Kriging olarak da bilinmektedir) doğal (ordinary), evrensel (universal), basit (simple) kriging yöntemleri kullanılmıştır. Yöntemlerin karşılaştırılmalarında ölçülen değerler ve tahmin edilen değerler arasındaki ilişkiyi sorgulayabilmek amacıyla çeşitli yöntemler mevcuttur. Genel anlamda en yaygın kullanılan yöntemler; karesel ortalama hata (RMSE), ortalama mutlak hata (MAE) yöntemlerdir. Bu çalışma için RMSE seçilmiş ve jeoistatistiksel çözümde kullanılan 15 yöntem karşılaştırılmıştır. En düşük RMSE değerini veren yöntem, en uygun yöntem olarak değerlendirilmiştir. RMSE'nin hesaplanmasında şu formül kullanılmıştır (ESRI, 2008).

$$RMSE = \sqrt{\frac{\sum(z_{i^*} - z_i)^2}{n}}$$

Z_i: tahmin edilen değer, Z_{i^*} :ölçülen değer ve n :örnek sayısını ifade etmektedir.

2.5. Arazi Kullanımı ve Bitki Örtüsü Özellikleri Araştırma Yöntemleri

Arazi Kullanımı CORINE 2018'den üretilmiştir (European Environment Agency, 2018).

Bitki örtüsü verileri ise HIDS-PRJ-Türkiye Çölleşme Modeli Raporu'ndan (2015) elde edilmiştir. Buna göre bitki örtüsünün toprağı örtme ve oranı Tablo 2'de verilmiştir.

Tablo 2. Bitkinin toprağı örtme oranı

Sınıf Açıklaması	Bitkinin toprağı örtme oranı kapalılık (%)
Çok iyi	70-100
İyi	40-69
Orta	10-39
Zayıf	< - 10

2.6. Analitik Hiyerarşik Süreç (AHS) Yönteminin Ayrıntıları

Öncelikle çalışma alanında risk haritaları oluşturulurken her birisi için ayrı ayrı AHS tekniği kullanılmıştır. AHS Saaty (1980) tarafından geliştirmiştir. Öncelikle her risk grubu için ana parametreler belirlenir. Daha sonra parametreler ikili karşılaştırılıp öncelik değeri belirlenir. İkili karşılaştırmalara dayalı göreceli önceliklendirme ölçeği Tablo 3'de verilmiştir.

Tablo 3. AHS tekniğinde parametrelerin tercihinde kullanılan ikili karşılaştırmalar ölçeği.

Sözel Tercih Hükmü	Açıklama	Değer
Eşit Tercih Edilme	İki faaliyet amaca eşit düzeyde katkıda bulunur.	1
Kısmen Tercih Edilme	Tecrübe ve yargı bir faaliyeti diğerine göre kısmen tercih ettiriyor.	3
Oldukça Tercih Edilme	Tecrübe ve yargı bir faaliyeti diğerine göre oldukça tercih ettiriyor.	5
Kuvvetle Tercih Edilme	Bir faaliyet değerine göre kuvvetle tercih ediliyor ve baskınlığı uygulamada rahatlıkla görünüyor.	7
Kesinlikle Tercih Edilme	Bir faaliyetin değerine göre tercih edilmesine ilişkin kanıtlar çok büyük bir güvenirliğe sahiptir.	9
Orta Değerler	Uzlaşma gerektiğinde kullanılmak üzere iki ardışık yargı arasına düşen değerler.	2, 4, 6, 8
Ters (Karşıt) Değerler	Bir eleman başka bir elemanla karşılaştırıldığında yukarıdaki değerlerden birisi atanır. Bunlardan ikinci eleman birinci eleman ile karşılaştırıldığında ters değere sahip olur.	

Kaynak: Saaty 1980.

İkili karşılaştırması yapılan parametrelerin ağırlık puanları belirlenmiştir. Bunun için öncelikli olarak parametrelerin etki durumuna göre ikili karşılaştırmaların yapıldığı matris oluşturulur (Saaty, 1980):

$$A = \begin{bmatrix} a_{11} & a_{12} & . & . & . & a_{1n} \\ a_{21} & a_{22} & . & . & . & a_{2n} \\ . & . & . & . & . & . \\ . & . & . & . & . & . \\ . & . & . & . & . & . \\ a_{n1} & a_{n2} & . & . & . & a_{nn} \end{bmatrix}$$

Burada,

A = Karşılaştırma matrisi,

a_{ij} = Hiyerarşinin bir üst düzeydeki elemanına göre,

i elemanının j elemanına göre önemidir

(i, j= 1,2,...,n)'dir.

İkili karşılaştırma matrisin özellikleri

- $a_{ji} = 1/a_{ij}$,
- $a_{ij} > 0$ (i, j= 1,2,...,n)'dir.
- Karşılaştırmalar matrisinin tutarlı olması için şu gereklidir:

$a_{ik} = a_{ji} a_{jk}$ (i,j,k= 1,2,...,n)

İkili karşılaştırma tutarlı ise, A ikili karşılaştırmalar matrisinin girdileri hata içermeyecektir ve şu eşitlik ifade edilebilecektir.

$$a_{ij} = \frac{Wi}{Wj}$$

Burada; W_i = A ikili karşılaştırmalar matrisi vasıtasıyla hesaplanmış olan, i elemanına ilişkin öncelik değer, W_j = A ikili karşılaştırmalar matrisi vasıtasıyla hesaplanmış olan, j elemanına ilişkin öncelikli değeridir.

Yukarıdaki eşitlikten faydalanılarak şöyle bir eşitlik yazılabilir:

$$a_{ik} a_{kj} = \frac{W_i}{W_k}\frac{W_k}{W_j} = \frac{W_i}{W_j} = a_{ij} \quad \text{(i,j,k= 1,2,...,n)}$$

İkili karşılaştırmalar matrisinin köşegen elemanları 1 değerini almaktadır. Yani, a_{ii} =1 (i,j,k= 1,2,.,n) olur.

A matrisi oluşturulması sonrasında karşılaştırılan parametrelerin öncelikleri hesaplanır. Bunun için ikili karşılaştırmalar matrisinin her sütunundaki değerler toplanır. Sonra matrisindeki her bir eleman, bulunduğu sütunun toplam değerine bölünür. Her bir satırdaki elemanların aritmetik ortalaması hesaplanarak normalize edilmiş ikili karşılaştırmalar matrisi oluşturulur. Ayrıca yöntemde tutarlılık kontrolü yapılır. İkili karşılaştırmalar matrisi, öncelik vektörü ile çarpılarak yeni bir vektör elde edilir. Yeni vektörün her bir elemanını öncelik vektöründe buna karşılık gelen değere bölerek ikinci bir yeni vektör hesaplanır. Son vektör değerlerinin aritmetik ortalaması alınarak maksimum özdeğere (λ_{max}) ulaşılmış olur. Maksimum özdeğer (λ_{max}) ikili karşılaştırmalar matrisindeki elemanların sayısına (n) ne kadar yakınsa sonuç da o kadar tutarlı olacaktır (Kumar ve Ganesh, 1996).

Tutarlılık oranı "*Tutarlılık İndeksi* (Tİ)" ve "*Rastgele (Tesadüfi) İndeks* (Rİ)" kullanılarak hesaplanır:

TO=Ti/Ri

"*Tutarlılık İndeksi* (Tİ)" ise şu formül ile hesaplanır:

$Ti = \lambda_{max} - n / n-1$

"*Rastgele (Tesadüfi) İndeks* (Rİ)" hesaplamak için kullanılan rastgele indeks değerleri Tablo 4'de verilmiştir.

Tablo 4. AHS Tekniğindeki Tutarlılık Oranının Hesaplanmasında Kullanılan ve Matris Boyutlarına Göre Değişen Rastgele İndeks Değerleri (Saaty, 1980).

n	1	2	3	4	5	6	7	8	9	10	11	12	13	14	15
Rİ	0.00	0.00	0.58	0.90	1.12	1.24	1.32	1.41	1.45	1.49	1.51	1.48	1.56	1.57	1.59

Elde edilen tutarlılığın doğru kabul edilebilmesi için 0.10 (%10) veya daha küçük olmalıdır. Eğer bu oran 0.10'dan büyük ise ikili karşılaştırma matrislerinin yeniden oluşturulması gerekir (Saaty, 1980).

Risk haritaların oluşturulmasının son aşamasında ise risk sınıflarının belirlenmesinde doğrusal kombinasyon tekniğinden yararlanılmıştır. Bu tekniğe ait matematiksel eşitlik şu şekildedir:

$$S = \sum_{i=1}^{n} (\mathrm{Wi.Xi})$$

Burada; S: Toplam erozyon duyarlılık puanı, W_i: i parametrenin ağırlık değeri, X_i: i parametresine ait alt kriter puanı, n = ele alınan parametrelerin toplam sayısıdır.

2.7. Erozyon Araştırma Yöntemleri

Toprak erozyonu ile ilgili pek çok model çalışmaları geliştirilmiştir. Literatürde Evrensel Toprak Kaybı Eşitliği (USLE) (Wischmeier ve Smith, 1978) ve Revize Edilmiş Toprak Kaybı Eşitliği (RUSLE) (Renard ve ark., 1991) bu modeller içinde en yaygın olarak kullanılanlar arasındadır. Erozyon Verimlilik Etkisi Hesaplaması (EPIC) (Williams ve ark., 1990), Avrupa Toprak Erozyon Modeli (EUROSEM) (Morgan ve ark., 1992) ve Su Erozyonu Tahmin Projesi (WEPP) (Flanagan ve Nearing, 1995) gibi birçok model vardır. Ayrıca, CORINE (1992), ICONA (1997), LEAM (Manrique, 1988) gibi birçok erozyon risk değerlendirme modelleri de geliştirilmiştir. Bu modelsel yaklaşımların yanında son zamanlarda havzaların özelliklerine göre parametrelerin değiştiği AHS yöntemi ile yapılan erozyon çalışmaları bulunmaktadır (Sönmez ve ark., 2013; Demirağ Turan ve Dengiz, 2017; Vulević ve Dragović, 2017; Güney ve Turoğlu 2018; Haidara ve ark., 2019; Guo ve ark., 2020). Bu çalışmalar incelenerek çalışma alanı için erozyonda etkili olan parametreler, alt parametreler belirlenmiş ve ağırlık puanları verilmiştir.

Alt parametrelere verilen ağırlık puanları 1 ile 4 arasında değişmektedir. Erozyon olma ihtimali yüksek ise 4, erozyonun olma ihtimali az ise 1 değerini alır. 1 ile 4 arasında kalan değerler ise faktörün erozyonun oluşturmadaki risk derecesine göre değişmektedir (Tablo 5).

Tablo 5. Erozyon duyarlılık sınıflarını oluşturulmasına yönelik ele alınan alt kriterler ve onlara ait ağırlık puanları.

Erodobilite		**Eğim (%)**		**Yağış**		**Derinlik (cm)**	
Sınıf	Ağırlık Puanı	Sınıf	Ağırlık Puanı	Sınıf	Ağırlık Puanı	Ağırlık Puanı	Ağırlık Puanı
K1:0.00-0.05	1	0-2	1	<60	1	Derin: 90+	1
K2:0.05-0.10	2	2.1-6	2	60-90	2	Orta Derin: 50-90	2
K3:0.10-0.20	3	6.1-12	3	90-120	3	Sığ: 20-50	3
K4: 0.20+	4	12.1+	4	>120	4	Çok Sığ: 0-20	4

Arazi Kullanımı		**Bitki Örtüsü Kaplama Oranı**		**Ana Materyal / Jeoloji**	
Sınıf	Ağırlık Puanı	Sınıf	Ağırlık Puanı	Sınıf	Ağırlık Puanı
Geniş yapraklı ormanlar, iğne yapraklı ormanlar, karışık ormanlar, bitki değişim alanları	1	<10	4	Çok sert kayalar Kompakt silisli kayalar	1
Mera, doğal çayırlıklar	3	10-39	3	Kalkerli kayalar	2
Sulanmayan ekilebilir alanlar, sürekli sulanan alanlar, meyve bahçeleri, karışık tarım alanları, doğal bitki örtüsü ile birlikte bulunan tarım alanları	4	40-69	2	Gevşek yapıda, az dayanıklı kayalar ve yumuşak formasyonlar	3
Sürekli şehir yapısı, kesikli şehir yapısı, endüstriyel veya ticari birimler, karayolları, demiryolları ve ilgili alanlar, mineral çıkarım sahaları, boşaltım sahaları, inşaat sahaları, yeşil şehir alanları	2	>70	1	Killer, siltler, kumlar ve Kuvaterner dönemine depozitler	4

Alt parametrelerden erodobilite, eğim, derinlik, arazi kullanımı, bitki örtüsü kapalılık ve jeolojik özellikleri çalışmanın "doğal ortam özellikleri" başlığı altında ele alınmıştır ve sonra Tablo 4'e göre sınıflandırılmıştır. Yağış faktörünün belirlenmesinde Fournier Indeksi kullanılır (Arnoldus, 1977). Çalışmada yağış parametresinin belirlenmesinde Samsun Meteoroloji İstasyonu'nun 1929-2019 yıllarına ait verileri kullanılmıştır (MGM, 2019). Fournier hesaplanmasında aşağıdaki formül kullanılmaktadır.

$$FI= \sum_{i=1}^{12} \frac{Pi^{2}}{\overline{P}}$$

Burada; FI: Fournier İndeksi, Pi: Ay içerisindeki toplam yağış (mm), P: Yıllık ortalama yağış miktarı.

Elde edilen değerlerden sınıf aralığını Jenks (1967) doğal kırınıma göre belirlenmiştir. Doğal kırınım (Jenks) yöntemi ile yapılan sınıflandırma sonuçları şekil 3'te gösterilmiştir

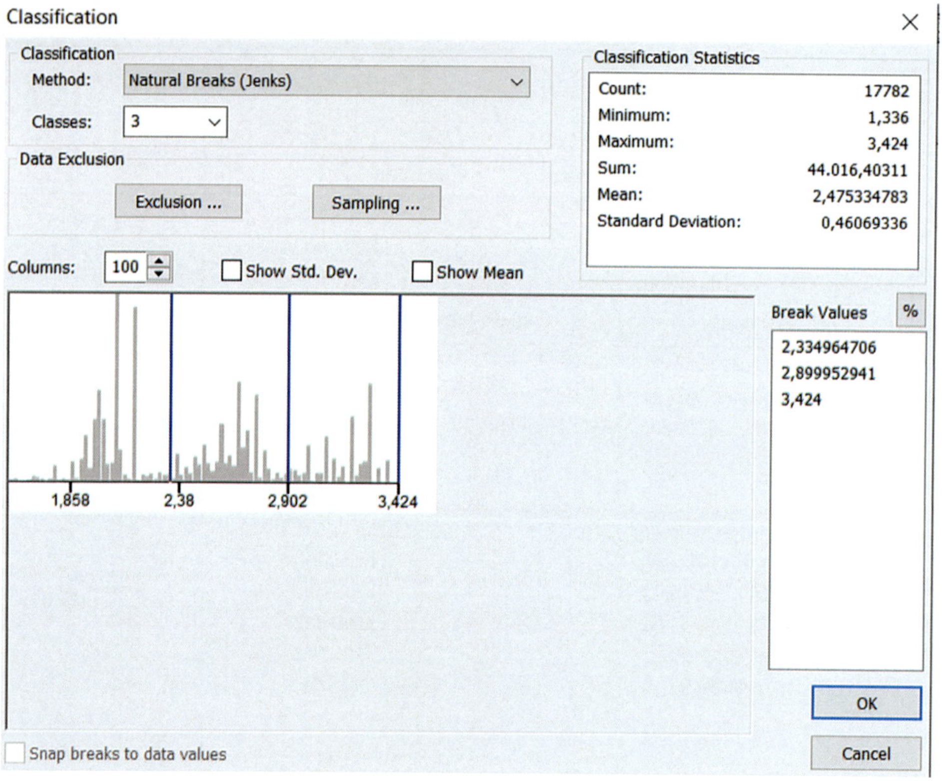

Şekil 3. Doğal kırınım (Natural Breaks Jenks) yöntemi ile 3 sınıfa ait indeks değerleri

Erozyon risk sınıfları ve bu sınıflara ait indeks değerleri ise Tablo 6'da verilmiştir.

Tablo 6. Erozyon riskine ait sınıf aralıkları ve indeks değerleri

Sınıf	Tanımlama	İndeks Değeri
E1	Az	1,33-2,33
E2	Orta	2,33-2,89
E3	Şiddetli	2,89-3,42

2.8. Taşkın Araştırma Yöntemleri

Taşkınla ilgili HecRAS, bir taşkının değerlendirilmesi gibi farklı yöntemler kullanılmaktadır (Gürgen, 2004; Efe ve Önen, 2015; Taş ve ark., 2016; Koçyiğit ve Akay 2018; Turoğlu ve Aykut, 2019; Çeliker ve ark., 2020; Gülmez ve Vaheddoost, 2020). Taşkın riski değerlendirilirken AHS yöntemi kullanılmıştır. Kullanılan parametreler ve parametrelerin sınıflandırılması konusunda farklı çalışmalardan yararlanılmıştır (Özdemir, 2007a; Özdemir, 2007b; Sunkar ve Tonbul, 2010; Özşahin, 2013; Kazakis ve ark., 2015; Oğuz ve ark 2016; Selçuk ve ark. 2016; Özcan, 2017; Tokgözlü ve Özkan, 2018; Das, 2020; Işık ve ark., 2020; Msabi ve Makonyo, 2021). Arazinin farklı olmasından dolayı bazı parametreler eklenmiş ve ona göre ağırlık verilmiştir.

Taşkın riski için de ele alınan alt parametrelere 1 ile 4 arasında ağırlık değerleri verilir. Taşkın olma ihtimali yüksek ise 4, taşkın olma ihtimali az ise 1 değerini alır. 1 ile 4 arasında kalan değerler ise faktörün taşkın oluşturmadaki risk derecesine göre değişmektedir (Tablo 7).

Tablo 7. Taşkın riskinde kullanılan parametrelere ve alt parametrelere ait etki değerleri.

Akarsuya yakınlık		**Eğim (%)**		**Yağış (mm)**		**Toprak**	
Sınıf	Ağırlık Puanı	Sınıf	Ağırlık Puanı	Sınıf	Ağırlık Puanı	Sınıf	Ağırlık Puanı
0-250 m	4	0-2	4	718-750	4	Alüvyal topraklar, Kolüvyal topraklar	4
250-500 m	3	2.1-6	3	750-950	3	Gri kahverengi podzolik topraklar	3
500-750 m	2	6.1-12	2	950-1150	2	Kestanerengi topraklar	2
750 < m	1	12.1+	1	1150 <	1	Kahverengi orman toprakları	1
Arazi Kullanımı		**Bitki Örtüsü Kaplama Oranı**		**Ana Materyal / Jeoloji**			
Sınıf	Ağırlık Puanı	Sınıf	Ağırlık Puanı	Sınıf		Ağırlık Puanı	
Geniş yapraklı ormanlar, iğne yapraklı ormanlar, karışık ormanlar, bitki değişim alanları	1	<10	4	Alüvyon, ayrılmamış kuvaterner, Karbonatlılar ve kırıntılılar		2	
Mera, doğal çayırlıklar	2	10-39	3	Bazalt		3	
Sulanmayan ekilebilir alanlar, sürekli sulanan alanlar, meyve bahçeleri, karışık tarım alanları, doğal bitki örtüsü ile birlikte bulunan tarım alanları	3	39-69	2	Ayrılmamış volkanitler, volkanitler ve sedimenter kayalar		4	
Sürekli şehir yapısı, kesikli şehir yapısı, endüstriyel veya ticari birimler, karayolları, demiryolları ve ilgili alanlar, mineral çıkarım sahaları, boşaltım sahaları, inşaat sahaları, yeşil şehir alanları	4	>70	1	Kireçtaşı		1	

Elde edilen değerlerden taşkın risk sınıf aralığı doğal kırınıma (Jenks, 1967) göre belirlenmiştir. Doğal kırınım (Jenks) yöntemi ile yapılan sınıflandırma sonuçları şekil 4'de gösterilmiştir

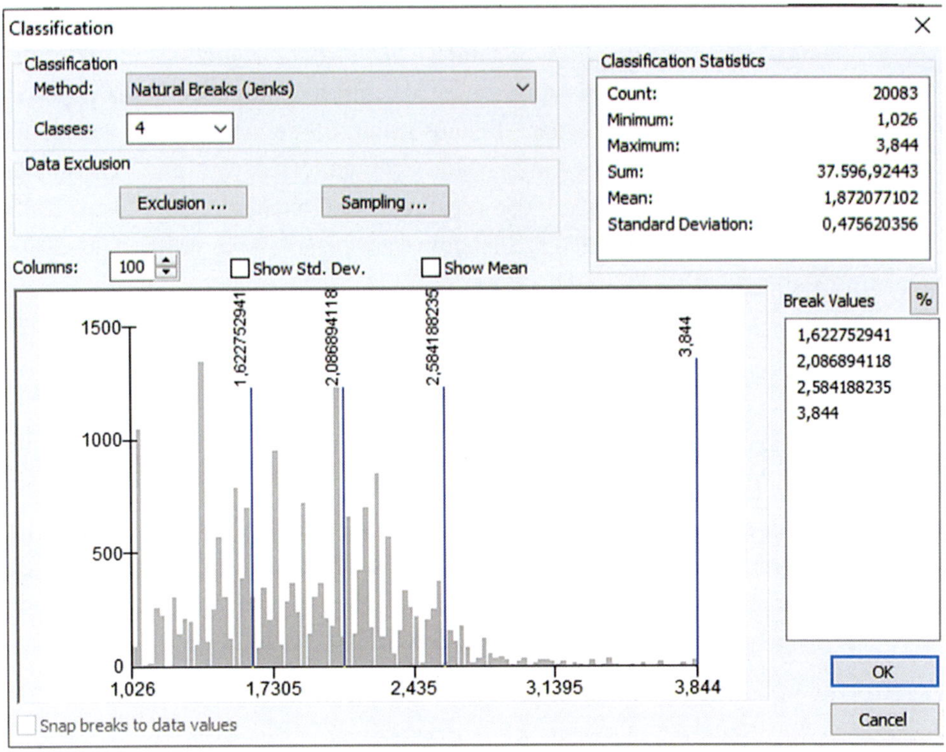

Şekil 4. Doğal kırınım (Natural Breaks Jenks) yöntemi ile 3 sınıfa ait indeks değerleri

Taşkın risk sınıfları ve bu sınıflara ait indeks değerleri ise Tablo 8'de verilmiştir.

Tablo 8. Taşkın riskine ait sınıflar ve indeks değerleri

Sınıf	Tanımlama	İndeks Değeri
T1	Düşük	1,02-1,62
T2	Orta	1,62-2,08
T3	Yüksek	2,08-2,58
T4	Çok yüksek	2,58-3,84

Elde edilen sonuçlarla çalışma alanında geçmişte yaşanmış taşkın olaylarının karşılaştırmış ve böylece doğruluğu da test edilmiştir.

2.9. Heyelan Araştırma Yöntemleri

Günümüzde Coğrafi Bilgi Sistemleri ve Uzaktan algılama tekniklerinin kullanılmasıyla heyelan riski konusunda da farklı yöntemler kullanılmıştır. Literatürde AHS, yapay sinir ağları, frekans oranı, iki değişkenli, çok değişkenli regresyon, bulanık mantık gibi farklı yöntemlerle yapılmış çalışmalar bulunmaktadır (Çevik ve Topal, 2003; Ercanoglu ve Gokceoglu, 2004; Lee, 2005; Komac, 2006; Yalçın ve ark., 2011; Shahabi ve ark., 2014; Arca ve Kutoğlu, 2017; Demirag Turan ve ark., 2020; Ali ve ark., 2021).

Bu çalışmada heyelan riski analiz edilirken AHS tekniği kullanılmıştır. Öncelikle heyelanda etkili olan parametreler belirlenmiştir. Bu parametrelerin sınıflandırılmasında ise farklı çalışmalardan yararlanılmıştır (Özdemir, 2007a; Özşahin, 2014; Pektezel, 2015; Çellek ve ark., 2015; Patriche ve ark., 2016; Zhang ve ark., 2016; Yan ve ark., 2019; Aghlmand ve ark., 2020; Ali ve ark., 2021).

Heyelan riski için de ele alınan alt parametrelere 1 ile 4 arasında ağırlık değerleri verilir. Heyelan olma ihtimali yüksek ise 4, heyelan olma ihtimali az ise 1 değerini alır. 1 ile 4 arasında kalan değerler ise faktörün heyelan oluşturmadaki risk derecesine göre değişmektedir (Tablo 9).

Tablo 9. Heyelan riskinde kullanılan parametrelere ve alt parametrelere ait etki değerleri.

Jeoloji		**Toprak**		**Eğim (%)**		**Bakı**		**Yağış (mm)**	
Sınıf	Ağırlık Puanı	Sınıf	Ağırlık Puanı	Sınıf	Ağırlık Puanı	Sınıf	Ağırlık Puanı	Sınıf	Ağırlık Puanı
Alüvyon, ayrılmamış kuvaterner,	1	Alüvyal topraklar,	4	0-25	1	Kuzey Sektörlü (K, KD, KB)	4	718-750	3
Karbonatlılar ve kırıntılılar,	4	Gri kahverengi podzolik topraklar	3	26-30, 41-45	3	Güney Sektörlü (G,GD, GB), Düz	1	750-950	4
Ayrılmamış volkanitler, volkanitler ve sedimenter kayalar, Bazalt	3	Kestanerengi topraklar, Kolüvyal topraklar	2	31-40	4	Doğu Sektörlü	2	950-1150	2
Kireçtaşı	2	Kahverengi orman toprakları	1	46-+	2	Batı Sektörlü	2	1150 <	1
Arazi Kullanımı		**Bitki örtüsü kapalılık**		**Akarsulara uzaklık**		**Yola uzaklık**		**Yükseklik (m)**	
Sınıf	Ağırlık Puanı	Sınıf	Ağırlık Puanı	Sınıf	Ağırlık Puanı	Sınıf	Ağırlık Puanı	Sınıf	Ağırlık Puanı
Geniş yapraklı ormanlar, iğne yapraklı ormanlar, karışık ormanlar, bitki değişim alanları	1	<10	4	0-250 m	4	0-250 m	4	0-300	4
Mera, doğal çayırlıklar	4	10-39	3	250-500 m	3	250-500 m	3	300-600	3
Sulanmayan ekilebilir alanlar, sürekli sulanan alanlar, meyve bahçeleri, karışık tarım alanları, doğal bitki örtüsü ile birlikte bulunan tarım alanları	3	39-69	2	500-750 m	2	500-750 m	2	600-750	2
Sürekli şehir yapısı, kesikli şehir yapısı, endüstriyel veya ticari birimler, karayolları, demiryolları ve ilgili alanlar, mineral çıkarım sahaları, boşaltım sahaları, inşaat sahaları, yeşil şehir alanları	2	>70	1	750 < m	1	750 < m	1	750<	1

Elde edilen değerlerden heyelan risk sınıf aralığı doğal kırınıma (Jenks, 1967) göre belirlenmiştir. Doğal kırınım (Jenks) yöntemi ile yapılan sınıflandırma sonuçları şekil 5'te gösterilmiştir

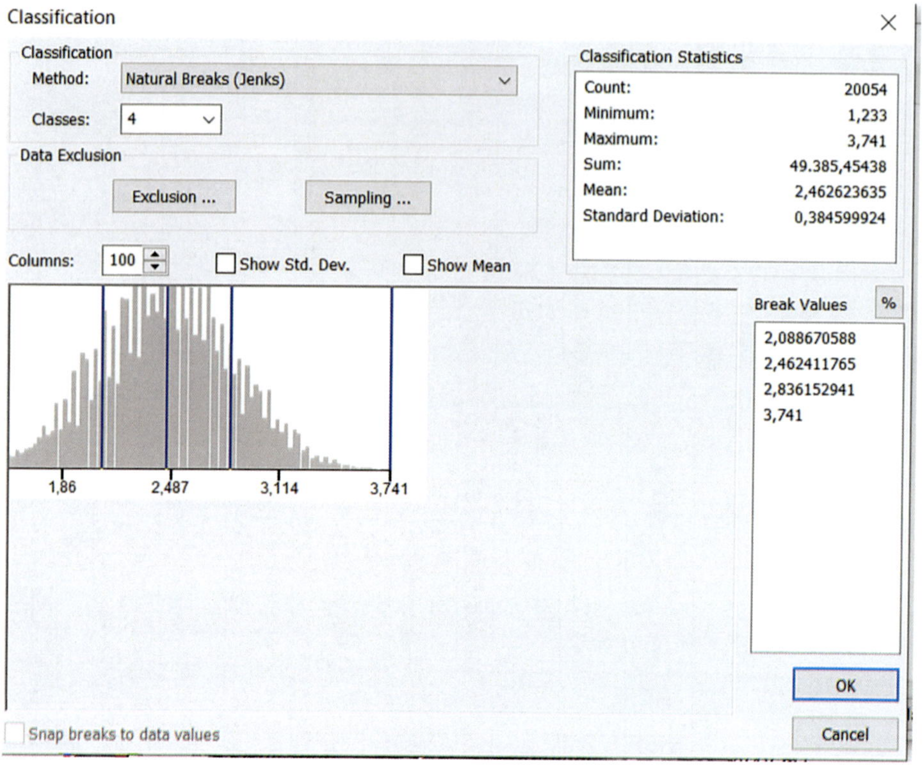

Şekil 5. Doğal kırınım (Natural Breaks Jenks) yöntemi ile 4 sınıfa ait indeks değerleri

Heyelan risk sınıfları ve bu sınıflara ait indeks değerleri ise Tablo 10'da verilmiştir.

Tablo 10. Heyelan riskine ait sınıflar ve indeks değerleri

Sınıf	Tanımlama	İndeks Değeri
H1	Düşük	1,23-2,08
H2	Orta	2,08-2,46
H3	Yüksek	2,46-2,83
H4	Çok yüksek	2,83-3,74

Yapılan analiz sonucunda havzanın heyelan risk haritası üretilmiştir. 1/500 000 ölçekli heyelan envanter haritası ve arazi çalışmaları sırasında tespit edilen heyelanlar ile haritanın karşılaştırılması yapılmıştır. Bunun sonucunda heyelan risk durumu mekânsal ve alansal olarak ortaya konmuştur.

3. BÖLÜM

DOĞAL ORTAM ÖZELLİKLERİ

3.1. Jeolojik-Litolojik Özellikler

Çalışma alanında yüzeylenen kayaçların özelliklerinin bilinmesi doğal afetler bakımından önemlidir. Kayaçların özelliği ve dağılış durumları risk haritalarında parametre olarak değerlendirilmiştir.

Erozyon bakımından sedimanter kayaçlar yüksek riskli iken volkanik ve dirençli kayaçlardaki risk daha düşüktür. Yine taşkın bakımında değerlendirdiğimizde alüvyonlar ve kireçtaşlarının geçirimliliği fazla olmasından dolayı taşkın riskini düşürdüğü, volkanik, metamorfik` kayaçların ise geçirimliliğinin az olması nedeniyle taşkın riskinin arttırdığını söylemek mümkündür. Heyelan açısından da sedimenter kayaçların heyelan riskini arttıran etmen olduğunu söyleyebiliriz.

Çalışma alanında en yaşlı birim Mesozoyiktir (Şekil 6). Mesozoyik'ten Kuvaterner'e kadar farklı yaşta ve özellikte birimler görülmektedir. En genç birim ise Kuvaterner yaştadır. Çalışma alanında en geniş alan kaplayan birim Üst Kretase yaşlı karbonatlılar ve kırıntılılardır ve çalışma alanında 367 km^2'lik bir alan kaplamaktadır (Tablo 11).

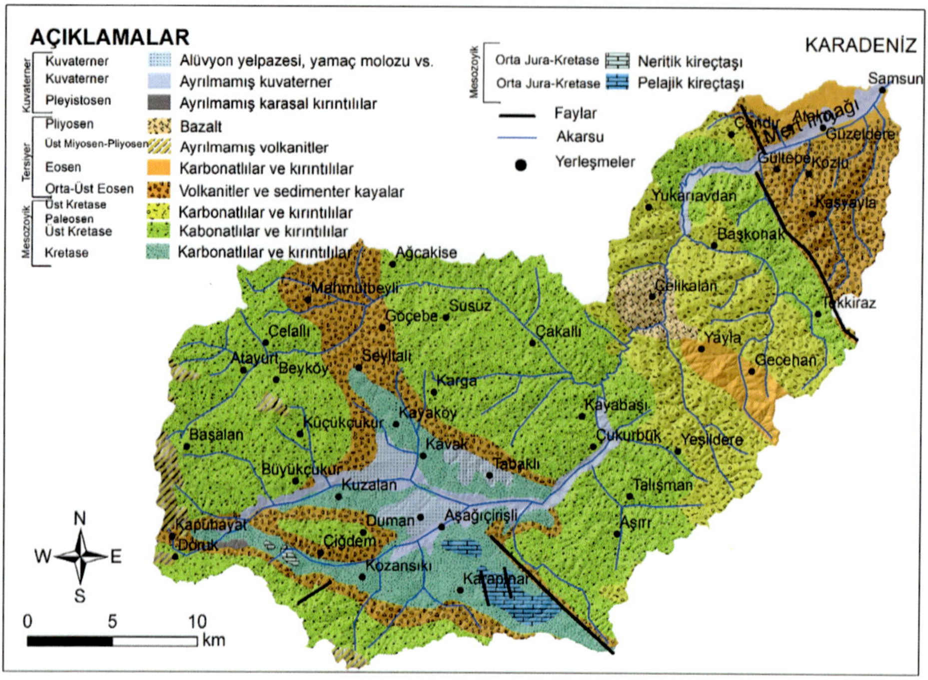

Şekil 6. Çalışma alanının jeoloji haritası.

Tablo 11. Jeolojik birimlerin çalışma alanında alansal ve oransal dağılışı.

Yaş	**Açıklama**	**km²**	**%**
Kuvaterner	Alüvyon yelpazesi, yamaç molozu	16	2.0
Kuvaterner	Ayrılmamış kuvaterner	33	4.0
Pleyistosen	Ayrılmamış karasal kırıntılılar	1	0.1
Pliyosen	Bazalt	13	1.6
Üst Miyosen-Pliyosen	Ayrılmamış volkanitler	12	1.5
Eosen	Karbonatlılar ve kırıntılılar	26	3.2
Orta-Üst Eosen	Volkanitler ve sedimenter kayalar	150	18.4
Üst Kretase-Paleosen	Karbonatlılar ve kırıntılılar	117	14.3
Üst kretase	Karbonatlılar ve kırıntılılar	367	44.9
Kretase	Karbonatlılar ve kırıntılılar	71	8.7
Orta Jura-Kretase	Neritik kireçtaşı	1	0.1
Orta Jura-Kretase	Pelajik Kireçtaşı	10	1.2
Toplam		817	100.0

3.1.1. Mesozoyik Yaşlı Birimler

Çalışma alanında Mesozoyik yaşlı birimler genelde Kretase yaşındadır.

Orta Jura-Kretase yaşlı Pelajik ve neritik kireçtaşları yayılış gösterir (Şekil 6). Pelajik kireçtaşı çalışma alanının güney kesiminde Kavak ilçesinde yüzeylenir. Serdar ve Biçer (1982) tarafından İnaltı formasyonu olarak adlandırılmıştır. Bunlar açık, gri renkte olup sık çatlaklı özelliktedir (Öner, 1996). Pelajik kireçtaşı çalışma alanında toplam 10 km^2'lik alan kaplamaktadır (Tablo 11). Neritik kireçtaşı ise Kavak ilçesinde pelajik kireçtaşına göre daha batıda yüzeylenir (Şekil 6). Bol Glabotruncana fosilleri içerirler (Öner, 1996). Kapanboğazı formasyonu olarak tanımlanmıştır (Serdar ve Biçer, 1982; Gedik ve ark., 1982-83).

Kretase yaşlı karbonatlılar ve kırıntılılar çalışma alanının güneyinde yayılış gösterir (Şekil 6). 71 km^2'lik alan kaplamaktadır (Tablo 11). Çalışma alanında Kavak ilçesindeki Kayaköy, Kozansıkı, Kuzalan ve Karapınar yerleşmeleri çevresinde yüzeylenir. Bu birim Çağlayan Formasyonu olarak adlandırılmıştır (Serdar ve Biçer, 1982; Ergun, 1982; Gedik ve ark., 1982-83). Genellikle kumtaşı, marn, şeyl, kalker ve konglomeradan oluşan fliş gözlemlenmiştir (Öner, 1996).

Çalışma alanında Üst Kretase yaşlı karbonatlılar ve kırıntılılar 367 km^2'lik alan kaplamaktadır. Tekkiraz, Çakallı, Boğaziçi, Agcakişi, Susuz, Kayabaşı, Aşır, Başalan, Atayurt ve Beyköy çevrelerinde yüzeylenmektedir. Gedik ve ark. (1981) tarafından Cankurtaran formasyonu olarak adlandırılmıştır. Birim kumtaşı, marn, çamurtaşı, miltaşı, kireçtaşı ve kumlu kireçtaşından oluşmaktadır (Gedik vd., 1981). (Şekil 7).

Şekil 7. Boğaziçi köyü yakınlarında Üst Kretase yaşlı marn, çamurtaşı, miltaşı ardalanması.

Üst Kretase-Paleosen yaşlı birimler 117 km^2'lik alan kaplamaktadır (Tablo 11). Çalışma alanının kuzeydoğusunda yayılış gösterir. Yukarıavdan, Başkonak, Yeşildere, Demirci ve Çandır yerleşmeleri çevrelerinde yayılış göstermektedir. Birim beyaz, bej renkli olup kalsitürbiditik kireçtaşı, killi kireçtaşı, şeyl ve marn ardalanmasından oluşmaktadır (Gedik ve Korkmaz, 1984). (Şekil 8).

Şekil 8. Çalışma alanının kuzeydoğusunda Üst Kretase-Paleosen yaşlı kireçtaşı, killi kireçtaşı, marn ardalanması, Demirci köyü yakınları.

3.1.2. Tersiyer Yaşlı Birimler

Çalışma alanının kuzeydoğusunda Kaşyayla, Kozlu, Gültepe ve Güzeldere yerleşmeleri ve güneyinde Kavak ilçesi çevresine Çiğdem ve Mahmutbeyli yerleşmeleri çevresinde Orta-Üst Eosen yaşlı volkanitler ve sedimenter kayalar yayılış gösterir (Şekil 6). Bu birime Tekkeköy formasyonu denilmiştir. Üst Kretase sonlarında etkinliği kaybolmuş adayayı volkanizmasının daha sonra aktif hale gelmesiyle istiflenmiştir. (Serdar ve Biçer, 1982). Formasyon kumtaşı, marn ve kalın tabakalı tüfit şeklindedir. Formasyon üst seviyelere doğru bazalt, aglomera ve tüf şeklinde devam etmektedir. Yani volkanik ve volkano-tortul bir formasyondur (Şekil 9).

Şekil 9. Ataköy çevresindeki Orta-Üst Eosen volkanitler ve sedimenter kayaçlar.

Eosen dönemine ait karbonatlılar ve kırıntılılar çalışma alanında Mert Irmağı'nın aşağı kesiminde kıyıda, Yayla ve Gecehan çevrelerinde yayılış gösterir (Şekil 6). 26 km^2'lik alan oluşturmaktadır.

Çalışma alanının güneybatısında 12 km^2'lik bir alanda ayrılmamış volkanitler yayılış göstermektedir.

Pliyosen yaşlı bazaltlar çalışma alanında Çelikalan çevresinde yüzeylenmekte ve 26 km^2'lik alan kaplamaktadır. Bu formasyon Mahmurdağı volkanitleri olarak adlandırılır. Bazalt, andezit, tüf, aglomera ile bazaltik batolit, dayk ve silerden oluşmaktadır. Bazaltlar tipik olarak yüzeylenmektedir. Bazaltlar, koyu siyah ve gri renkli, porfirik dokuludur. Ayrıca ojit, olivin, lösit ve plajiyoklas fenokristalleri ve bunları bağlayan bir hamur maddesinden oluşmaktadır (Sarı, 2008). Mahmurdağı volkanitlerini oluşturan bazaltlar batolit, dayk ve siller şeklinde diğer formasyonları kesmiş ve aralarına yerleşmişlerdir (Sarı, 2008).

3.1.3. Kuvaterner Yaşlı Birimler

Kuvaterner yaşlı araziler Mert Irmağı boyunca görülmektedir. Çalışma alanında toplam 50 km^2'lik alan oluşturmaktadır. Mert Irmağı'nın ağız kısmında ve Kavak ilçesinin güneyindeki kolunda ayrılmamış Kuvaterner arazisine rastlanmaktadır. Çakıl, kum ve siltten oluşmaktadır.

3.2. Topografik Özellikler

Çalışma alanının topografik özellikleri yükselti, eğim ve bakı özellikleriyle incelenmiştir. 1/25 000 ölçekli F36a3, F36b4, F36d1, F36d2, F36d3, F36d4, F36c1, F35c2, F35c3, F35c4 pafta numaraları topografya haritaları ArcGIS 10.5v programı ile sayısallaştırılarak alanın sayısal yükseklik modeli haritası oluşturulmuştur. Sayısal yükseklik modeli (SYM) haritasından ArcGIS'de 3D Analiz aracı kullanılarak eğim ve bakı haritaları üretilip görselleştirilmiştir. Daha sonra yükseklik, eğim ve bakı sınıflarının alansal ve oransal da dağılımları hesaplanmıştır.

3.2.1. Yükselti Analizleri

Çalışma alanında yükseklik deniz seviyesinden başlayarak yaklaşık 1313 m yükseltiye kadar çıkmaktadır (Şekil 10). Çalışma alanında 601-750 m yükselti arasında 294 km^2'lik alan bulunmakta ve alanın %36'lık kısmını oluşturmaktadır (Tablo 12). 1201-1313 m arasındaki alanın güneybatısında 1 km^2 ile çok küçük bir alan kaplamaktadır. Bu alan tepelerin de yoğun olduğu ve çalışma alanının güneybatı sınırının da geçtiği alandır. Sınır çizilirken su bölümü çizgisi esas alındığından yüksek kesimler çevredeki alanlardadır (Şekil 10).

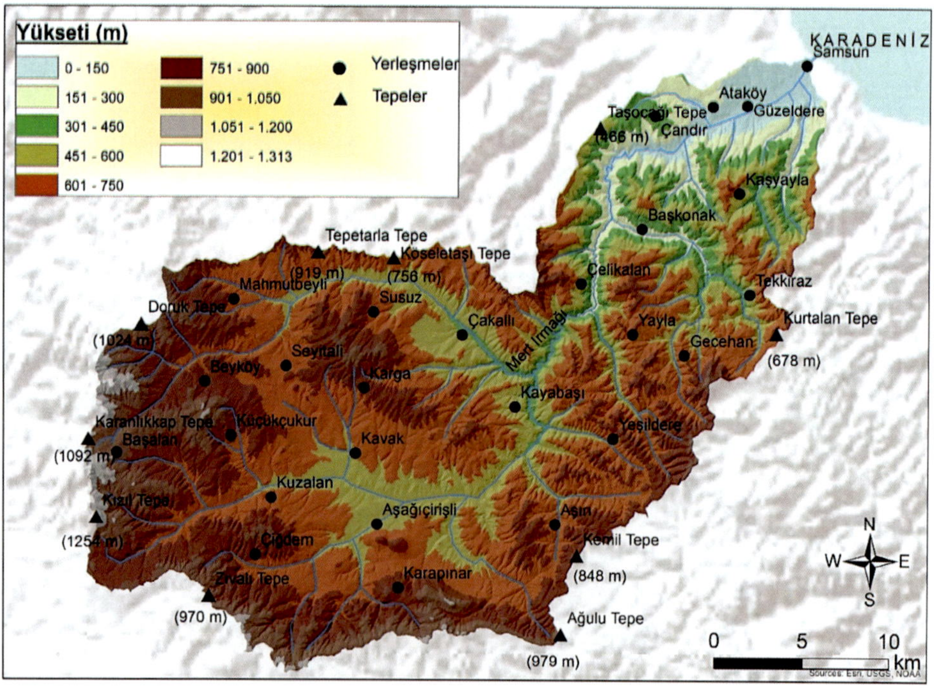

Şekil 10. Çalışma alanının yükseklik haritası

Tablo 12. Çalışma alanının yükselti basamaklarının alansal ve oransal dağılımları

Yükselti Basamakları	Alan (km^2)	Oranı (%)
0-150	28	3,4
151-300	34	4,2
301-450	51	6,2
451-600	142	17,4
601-750	294	36,0
751-900	192	23,5
901-1050	65	8,0
1051-1200	10	1,2
1201-1313	1	0,1
	817	100,0

2.2.2. Eğim Analizleri

Çalışma alanının eğim özellikleri incelendiğinde, eğim değerleri kıyı kesiminde ve güneyde Kavak ilçe merkezinde daha düşük değerlerdedir (Şekil 12). Yükselti arttıkça eğim değerleri de artmaktadır. Mert Irmağının ağız kesiminde eğim değeri %6'nın altındadır. Kavak ilçesi ova tabanıdır ve eğim değeri düşüktür.

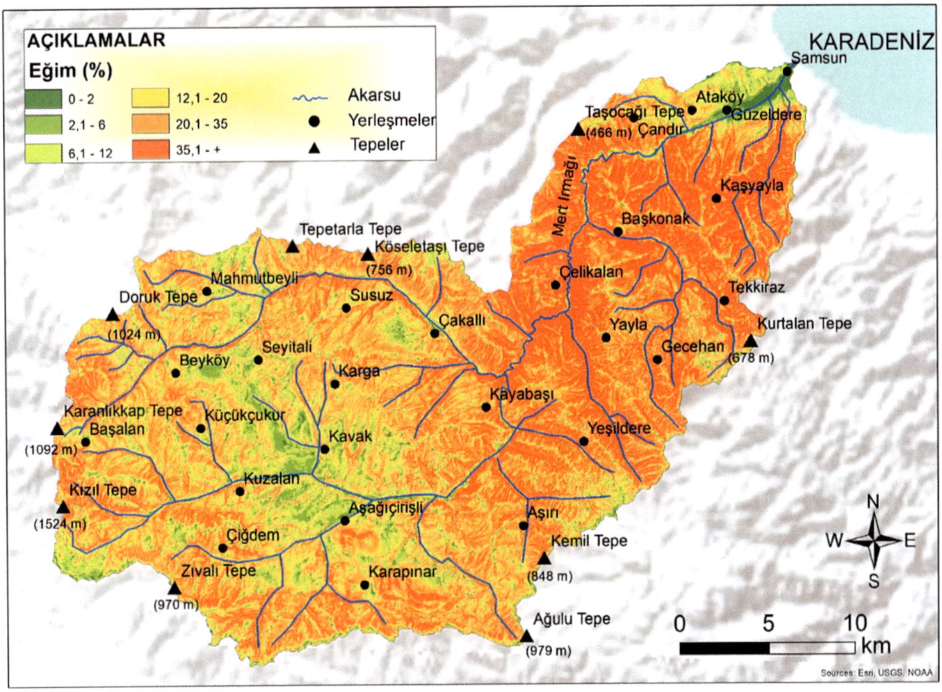

Şekil 11. Çalışma alanının eğim haritası.

Çalışma alanında 517 km²'lik alan %20'nin üzerine eğim değerindedir (Tablo 13). 6 km²'lik alan ise %0-2 eğim değerine sahiptir. Bu eğim değerleri özellikle yerleşmelerin bulunduğu alanlardır.

Tablo 13. Çalışma alanının eğim değerlerinin alansal ve oransal değerleri.

Eğim değeri (%)	**Alan (km²)**	**Oranı (%)**
0-2	6	0.7
2,1-6	40	4.9
6,1-12	99	12.1
12--20	155	19.0
20- 35	266	32.6
35-+	251	30.7
Toplam	817	100.0

3.2.3. Bakı Analizleri

Sayısal yükseklik modelinden üretilen bakı haritasına göre 267 km² kuzey yönlerde, 260 km² güney yönlerdedir (Tablo 14). Düz alanların 50 km²'lik bir alan kapladığını ve çalışma alanında çok küçük bir alan oluşturduğunu söyleyebiliriz. Bakının alan ve oransal dağılımında büyük farklılıklar yoktur. Kısa mesafede çok değişiklik göstermektedir (Şekil 12).

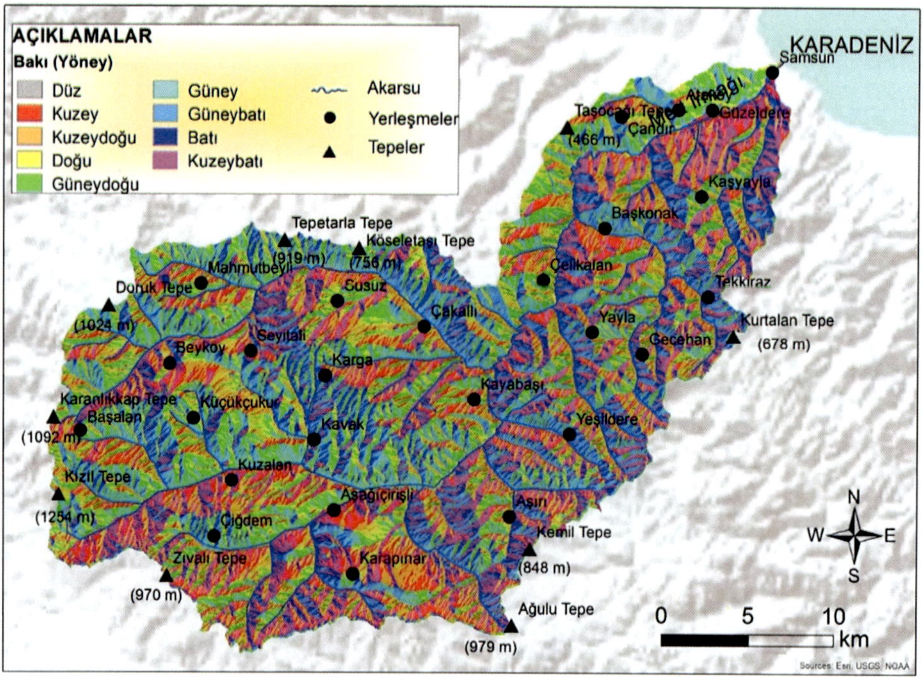

Şekil 12. Çalışma alanının bakı haritası

Tablo 14. Çalışma alanında bakının alansal ve oransal dağılımları

Bakı (Yöney)	**Alan (km²)**	**Oranı (%)**
Düz	50	6,1
Kuzey	97	11,9
Kuzeydoğu	113	13,8
Doğu	128	15,7
Güneydoğu	95	11,6
Güney	80	9,8
Güneybatı	85	10,4
Batı	112	13,7
Kuzeybatı	57	7,0
Toplam	817	100,0

3.3. İklim Özellikler

Çalışma alanı içinde uzun yıllık rasat yapan meteoroloji istasyonu bulunmamaktadır. Bu nedenle kıyıdaki uzun yıllık Samsun Bölge Müdürlüğü verileri (1929-2020) ve güneyde kıyı gerisindeki Ladik ilçesi (1979-1999) meteoroloji istasyonu verileri kullanılmıştır (MGM, 2019) (Şekil 13). Bu verilerle enterpolasyon yöntemleri ile sıcaklık dağılışı, Schreiber formülü ile de yağış dağılış haritaları üretilmiştir.

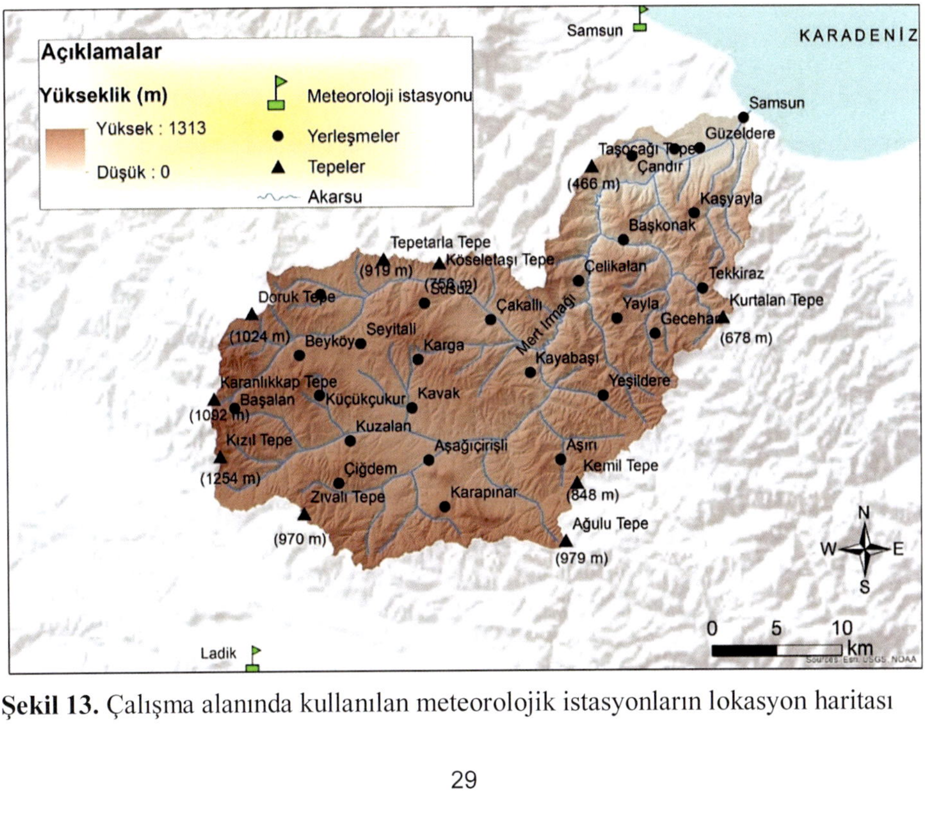

Şekil 13. Çalışma alanında kullanılan meteorolojik istasyonların lokasyon haritası

3.3.1. Sıcaklık Özellikleri

Samsun meteoroloji istasyonu verilerine göre uzun yıllık sıcaklık ortalaması 14,5 °C Ladik'inki ise 9,4 °C'dir (Şekil 14). Samsun bölge müdürlüğü verilerinde yıllık sıcaklık amplitüdü daha azdır. Ladik ilçesinde ise daha fazladır. Ocak ayı sıcaklık ortalaması Samsun'da 1,7 °C, Ladik'te ise 0,7 °C'dir. Temmuz ayı Samsun'da 23,1 °C, Ladik'te 17,7 °C'dir.

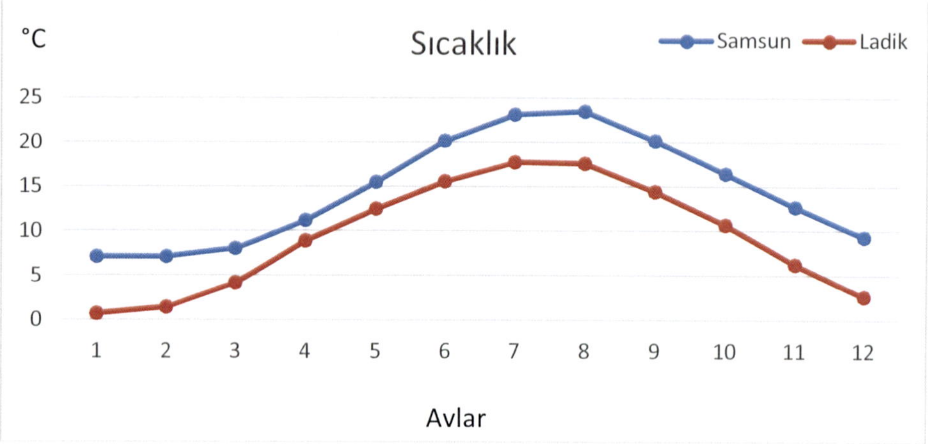

Şekil 14. Samsun merkez ve Ladik ilçelerinin sıcaklık grafiği.

Çalışma alanında sıcaklık dağılışını göstermek için enterpolasyon yapılarak sıcaklık dağılış haritası çizilmiştir (Şekil 15). Ortalama sıcaklıklar kıyıda ve akarsu vadisi boyunca yüksek, güneybatıdaki tepelik alanda ise düşüktür. Akarsu vadisi boyunca ve kıyıda sıcaklık yaklaşık 11,5 °C'nin üzerine çıkar. 1254 m yükseltideki Kızıl tepede sıcaklık 8,6°C'nin altına düşmektedir (Şekil 15). Kuzeybatı ve güneyde yükselti arttıkça sıcaklıklar düşmektedir.

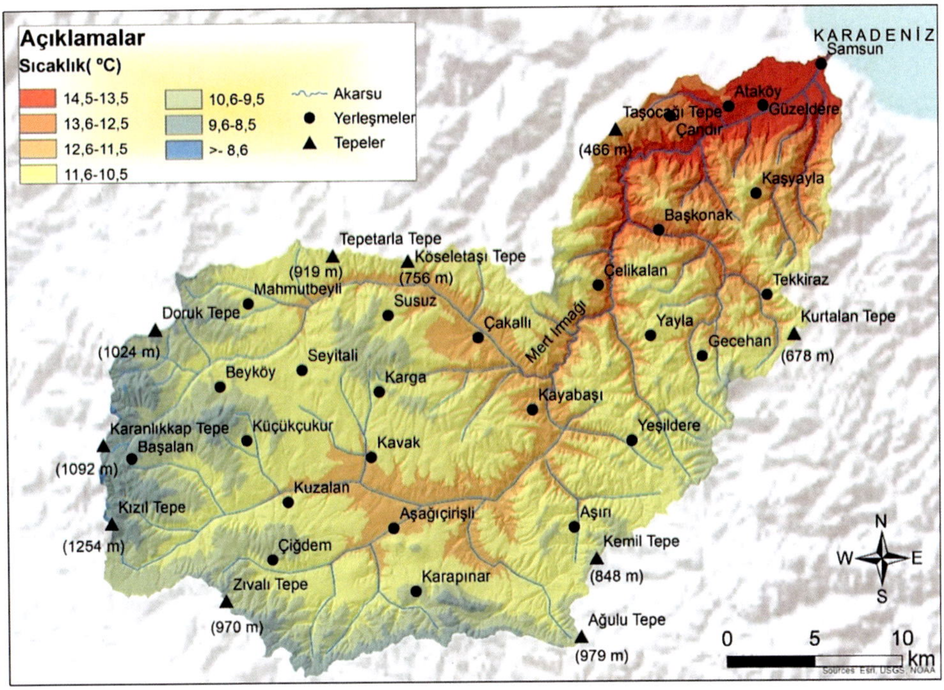

Şekil 15. Çalışma alanının sıcaklık dağılış haritası.

3.3.2. Yağış Özellikleri

Çalışma alanındaki yağış özellikleri değerlendirilirken Samsun ve Ladik istasyonunun uzun zaman ölçümleriyle grafikler oluşturulmuştur (Şekil 16). Buna göre Samsun'da aralık ayı (83,3 mm) Ladik'te ise kasım ayı (68,3 mm) en fazla yağış alan aylardır. En az yağış alan ay Samsun'da (37,5 mm) ve Ladik'te (17,7 mm) temmuz ayıdır.

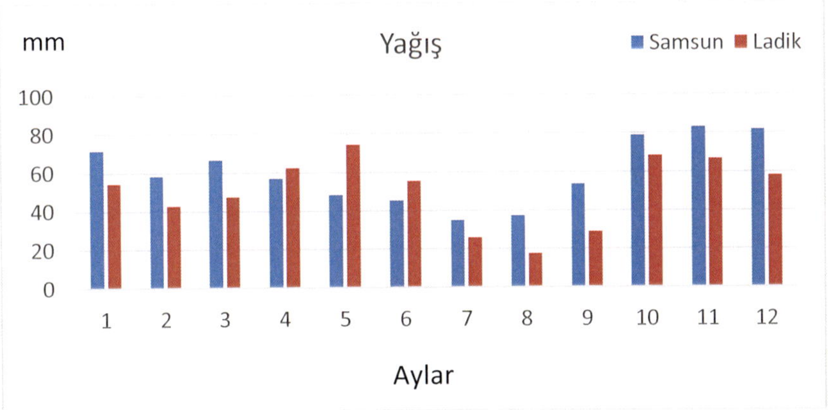

Şekil 16. Samsun ve Ladik istasyonlarının yağış grafiği

Samsun ve Ladik istasyonu verileri ile yapılan yağış haritasına göre yağış değerinin en düşük olduğu yerler kıyı kesimleri ve Mert Irmağı vadi tabanı boyunca görülmektedir (Şekil 17). Özellikle çalışma alanının güneyinde ve güneybatısında Doruk Tepe, Karanlıkkap Tepe, Kızıl Tepe ve Zıval Tepe civarında 1350 mm'den daha fazla yağışa ulaşmaktadır.

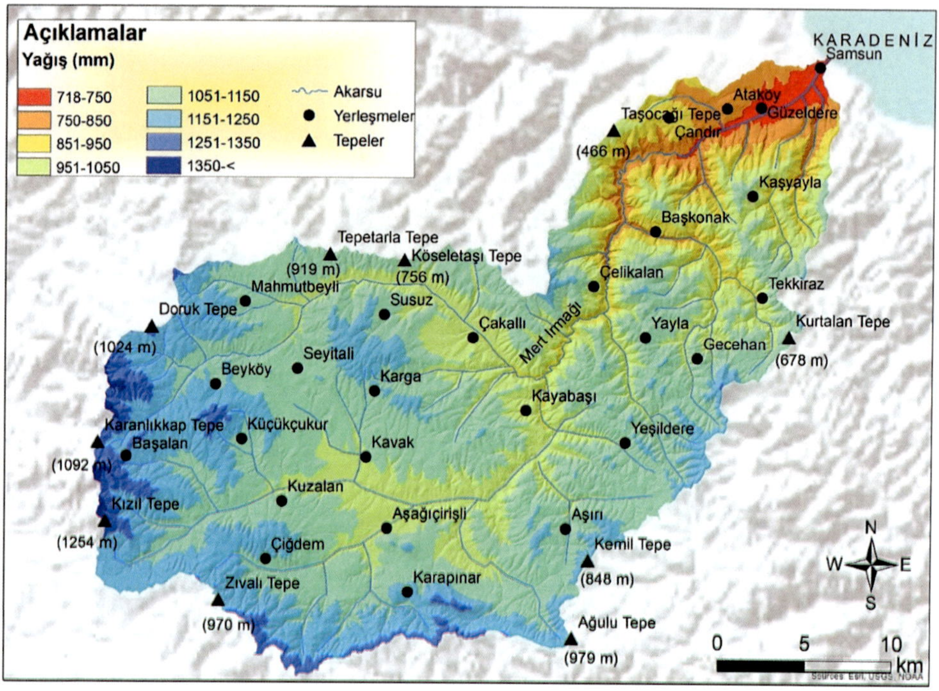

Şekil 17. Çalışma alanının yağış dağılış haritası

Erinç iklim sınıflandırmasına göre Samsun 38.38 ve Ladik ise 38.5 ile yarı nemli iklim içerisindedir. Köppen iklim sınıflandırmasına göre Samsun ve Ladik Cfa Kışı ılık, yazı çok sıcak ve her mevsim yağışlı iklimdedir. Thorthwiate'e göre Samsun C2 B'2 s b'4 Yarı Nemli 2. derece Mezotermal su noksanı yaz mevsiminde ve orta derecede olan Ladik ise C1 B'1 s b'3 Yarı Kurak-Az Nemli 1. derece Mezotermal Su fazlası kış mevsiminde ve orta derecede olan iklim sınıfındadır. De Mortanne'ye göre ise Samsun yarı nemli, Ladik ise yarı kurak-nemli arasındaki iklim sınıfındadır. Samsun merkez istasyonun kıyıda, nemli bir iklim özelliği varken Ladik istasyonu ise iç kesimde ve karasal iklim özelliği oluşturmaktadır.

3.3.3. Basınç ve Rüzgar Özellikleri

Çalışma alanının basınç özellikleri Samsun istasyonu verileri ile değerlendirilmiştir. Ladik istasyonunda basınç ölçümü yapılmamıştır. Buna göre Samsun meteoroloji istasyonunun 1929-2020 yılları arası verilerine göre yıllık basınç ortalaması 1014.8 mb'dir (Tablo 15). Basıncın yıl içindeki değişimi ise maksimum değer aralık ayında ve 927.1 mb., en düşük değer ise temmuz ayında ve 1010.5 mb.'dir. Basınç değerleri nisandan temmuz ayına kadar düşmektedir. Eylül ayından sonra ise basınçta yükselme görülmekte kış aylarında maksimum seviyeye ulaşmaktadır (Şekil 18). Buna göre yüksek basınçlar soğuk mevsimlerde, alçak basınçlar ise sıcak mevsimlerde görülmektedir. En yüksek basınç değerleri ile en düşük basınç değerleri birbirine paralel gitmemektedir. Yaz mevsiminde en yüksek değer en düşükken, en düşük basınçlar ise yüksektir (Tablo 14).

Tablo 15. Samsun'da aylık ortalama, en yüksek ve en düşük basınç değerleri (1929-2020).

	1	2	3	4	5	6	7	8	9	10	11	12	Yıllık
Ort. Bas.	1017,8	1016,5	1015,6	1013,3	1013,2	1011,8	1010,5	1011,3	1014,5	1017,4	1018	1017,8	1014,8
En yük.	1038,1	1037	1044,6	1033,8	1026,7	1025,8	1021,9	1022,3	1030,6	1035,2	1034,8	1040,8	1044,6
En Düş.	987,5	994,4	990,6	993,4	998,3	997,1	996,4	996,6	996,3	1000,8	998,2	988,9	987,5

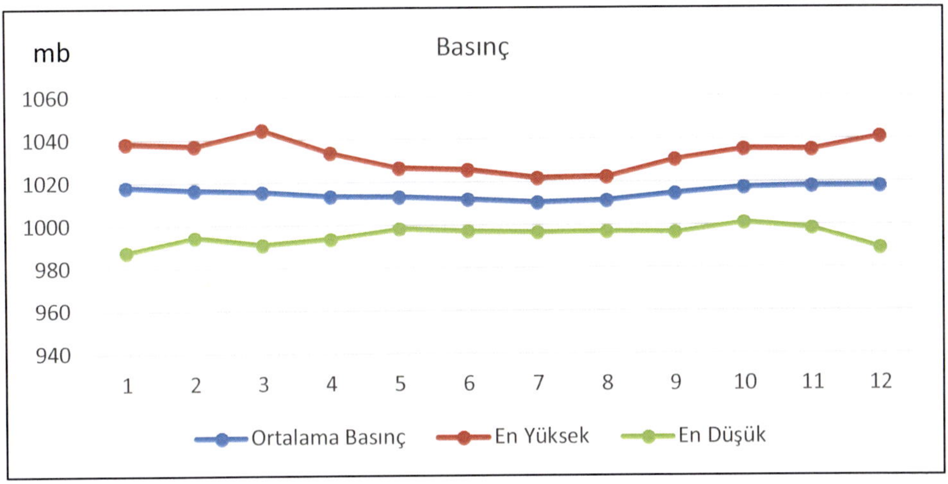

Şekil 18. Samsun'da ortalama, en yüksek ve en düşük basınç değerlerinin yıllık değişimi (1929-2020).

Çalışma alanında rüzgar esme sayılarının nispi frekansları Samsun meteoroloji istasyonu verileri kullanılarak hesaplanmıştır. Buna göre yıllık ortalamada en fazla güneybatı ve kuzeybatı yönlü rüzgarlardır (Tablo 16). Güneybatı ve kuzeybatı yönlerini kuzey, kuzeydoğu, batı, doğu ve güneydoğu yönleri takip etmektedir. Yıllık ortalamada %29.4 ile güneybatı en yüksek değere sahiptir. En düşük frekans ise %3,5 ile güneydoğu rüzgarlarında görülmektedir (Şekil 19).

Tablo 16. Samsun'da rüzgar esme sıklıkları (%) (1929-2020).

	1	2	3	4	5	6	7	8	9	10	11	12	Yıllık
N	4,6	5,7	9,6	10,8	11,5	9,8	11,1	12,0	7,7	6,9	5,7	4,7	14,7
NE	2,7	4,4	8,6	13,3	15,2	12,6	10,7	10,6	9,0	7,0	4,0	2,0	12,3
E	4,6	7,2	12,2	13,7	13,1	9,6	6,5	6,3	8,7	8,5	5,8	3,9	6,1
SE	10,2	10,8	12,1	12,7	8,9	6,4	3,5	3,1	5,7	8,1	9,2	9,2	3,5
S	13,0	9,3	8,6	6,7	6,7	6,6	6,3	6,1	5,8	7,2	10,1	13,6	11,0
SW	11,1	8,8	6,2	4,8	5,6	6,4	7,4	8,5	9,3	9,7	10,8	11,4	29,4
W	11,6	8,8	7,6	5,4	4,9	6,4	7,4	8,2	7,7	10,6	10,9	10,5	8,3
NW	8,9	10,2	11,2	7,5	6,1	6,2	8,8	9,1	7,5	8,2	8,3	8,0	14,8

Ocak ayında güney (%13), batı (%11,6) ve güneybatı (%11,1) yönlü rüzgarlar birinci sıralarda yer almaktadır. Bu ayda en düşük esme sıklığı %2,7 ile kuzeydoğu yünlü rüzgarlara aittir. Güneydoğu ve doğu rüzgarların yüksek oranda esme sıklığı şubat ayında da devam etmektedir. Havzada kışın güney sektörlü rüzgarlar daha hakimdir. Bunun nedeni sahada kışın yüksek basınç şartlarının hakimiyeti ile ilgilidir. Mayıs ayından itibaren kuzey yönlü rüzgarlar daha yüksek oranlara erişir. Bunun nedeni ülkemizde hakim olan genel atmosfer dolaşım sistemlerinin bir sonucu olmalıdır. Ülkemizde yaz mevsiminde Asor Yüksek Basınç alanından Basra Alçak Basınç alanına doğru kuzey sektörlü rüzgarlar etkili olmaktadır.

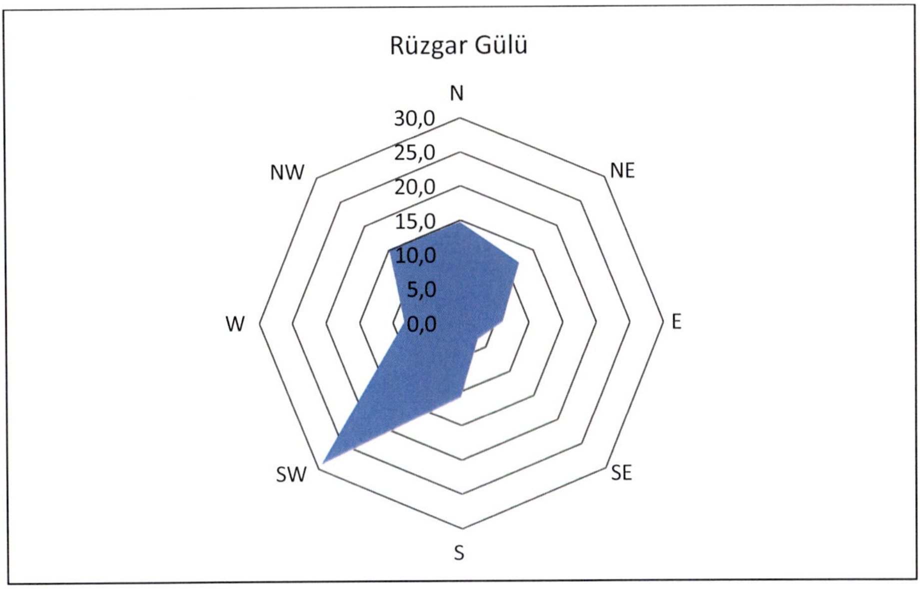

Şekil 19. Samsun'un rüzgar frekans gülü (1929-2020).

Yaz aylarında batı, güney, güneybatı ve güneydoğu yönlü rüzgarlar düşük frekansları ile dikkat çekmektedir. Sonbahardan itibaren kuzey sektörlü rüzgarların esiş sıklığı azalırken güney sektörlü rüzgarların arttığı görülmektedir (Tablo 16).

3.3.4. Toprak Nem ve Sıcaklık Rejimleri

Samsun Bölge ve Ladik ilçesinin meteorolojik verilerinden toprak nem ve sıcaklık rejimleri belirlenmiştir. Çalışmanın bu kısmı Turan ve ark., (2018) yapmış oldukları çalışmadan yararlanılmıştır.

"Toprak kontrol kesiti sıcaklığı aylık ortalama sıcaklıktan hesaplanmış olup, toprak sıcaklığı 5 °C 'nin altına düşmemektedir. Toprak sıcaklığı 18 Ocak ile 27 Mart tarihleri arasında 5 °C ila 8 °C derece arasında seyrederken bu tarihten sonra 8 °C'nin üzerine çıkmaktadır. Elde edilen sonuçlara göre toprak sıcaklık rejimi Mesic'tir" (Turan ve ark., 2018) (Şekil 20).

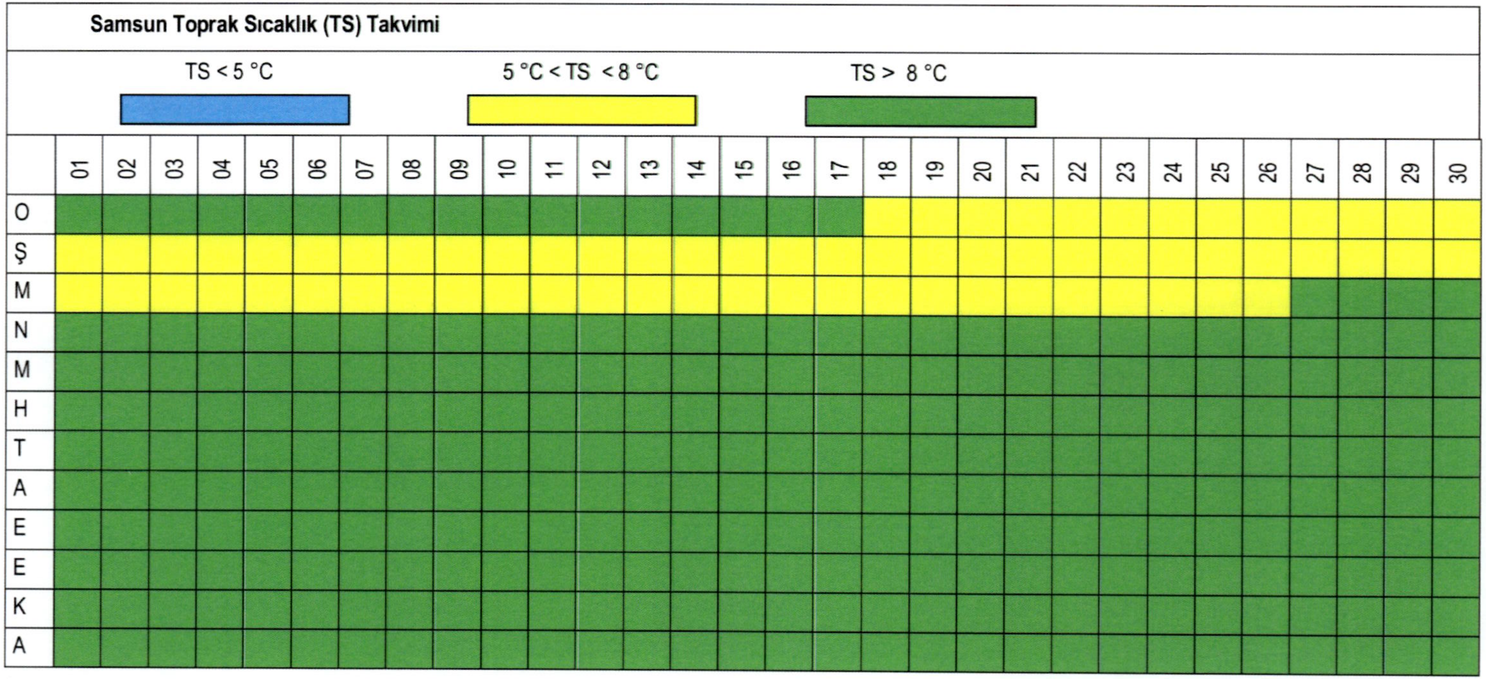

Şekil 20. Samsun Newhall modeline göre aylara göre toprak sıcaklık dağılımı (Turan ve ark., 2018)

"Toprak kontrol kesiti sıcaklığı aylık ortalama sıcaklıktan hesaplanmıştır. Toprak sıcaklığı 06 Aralık-10 Nisan tarihleri arasında 5 °C'nin altına düşmektedir. Toprak sıcaklığı 11 Nisan-23 Nisan tarihleri ve 18 Kasım-05 Aralık tarihleri arasında 5 °C ila 8 °C derece arasında seyrederken 24 Nisan-17 Kasım arasında 8 °C'nin üzerine çıkmaktadır. Model sonucuna göre toprak sıcaklık rejimi Mesic olarak tespit edilmiştir" (Turan ve ark., 2018) (Şekil 21).

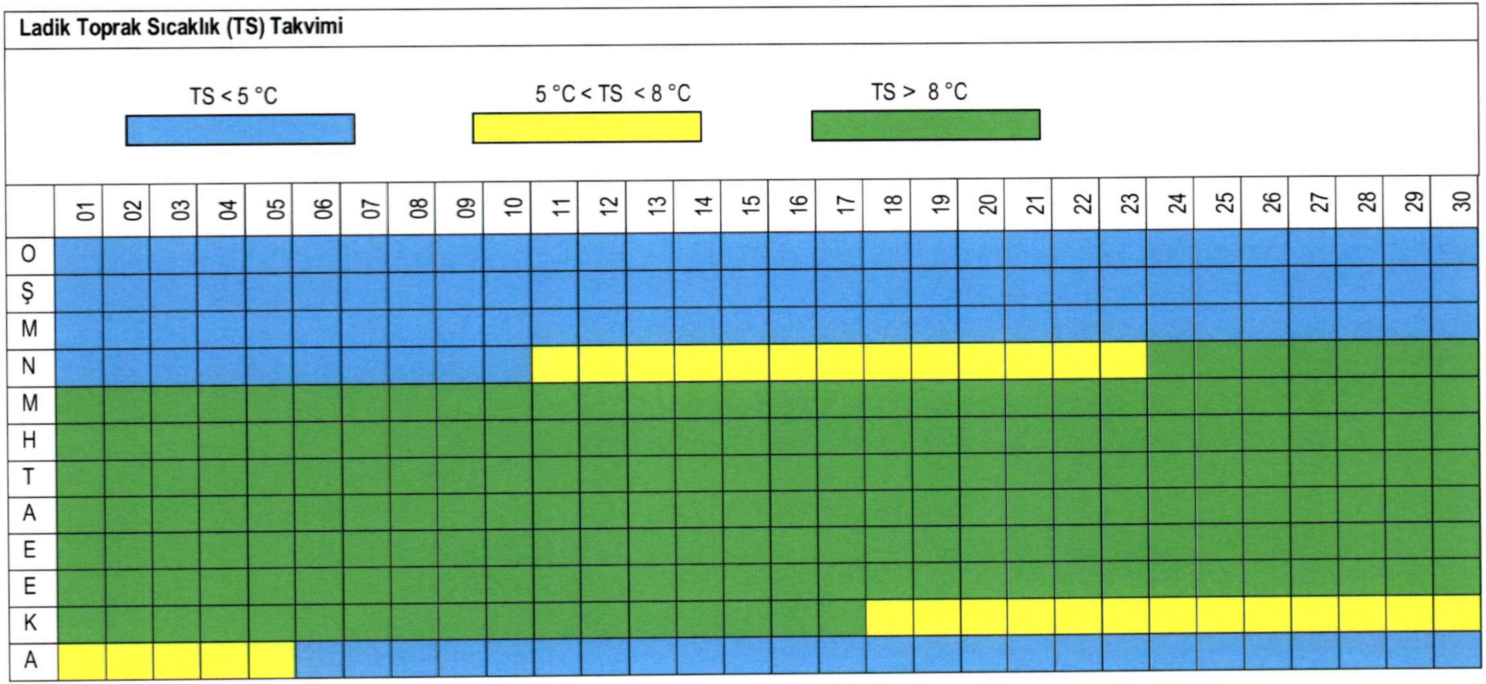

Şekil 21. Ladik ilçesi Newhall modeline göre aylara göre toprak sıcaklık dağılımı (Turan ve ark., 2018)

"Toprak 16 Ekim'de nemli duruma geçmiş ve bu durum 26 Haziran tarihine kadar devam etmiştir. 26 Haziran-15 Ekim tarihleri arasında toprak neminde farklılıklar olup; 'kuru-nemli' ile 'kuru' arasında değişmiştir (Turan ve ark., 2018). Samsun'da toprak 251 gün 'nemli', 42 gün 'kuru-nemli', 67 gün ise 'kuru' kalmıştır Toprakta su fazlalığı (akış) Eylül ayı ortalarında başlamış ve Nisan ayının ilk haftasına kadar devam etmiştir. Bu günlerden sonra su noksanlığı olmuş ve temmuz ayında 108 mm ile en yüksek değere ulaşmıştır. Toprakta yıllık 64.25 mm su açığı bulunmaktadır. Toprak nem sınıflaması WetTempustic olarak tespit edilmiştir" (Şekil 22) (Turan ve ark., 2018)

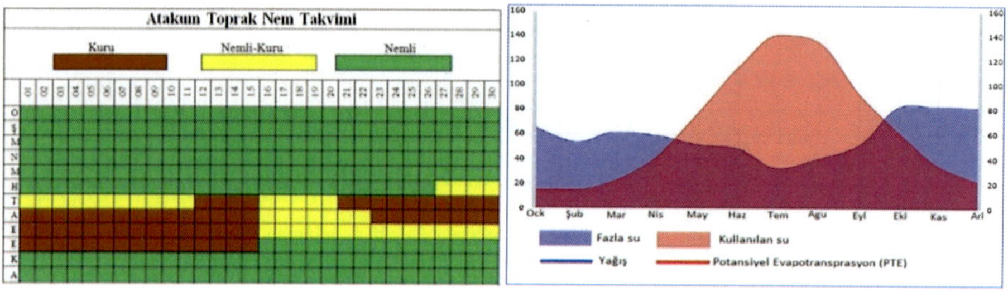

Şekil 22. Samsun Bölge Newhall modeline göre aylara göre toprak nem bütçesi dağılımı (Turan ve ark., 2018)

"Ladik ilçesi meteoroloji istasyonunun uzun yıllar ölçüm verilerine göre toprak 16 Kasımda nemli duruma geçmiş ve bu durum 20 Temmuz tarihine kadar devam etmiştir. 20 Temmuz-29 Temmuz tarihleri arasında toprak 'kuru-nemli'dir. 30 Temmuz-15 Ekim tarihleri arasında toprak 'kuru' duruma geçmiş ve 16 Ekim-15 Kasım arasında toprak tekrar 'kuru-nemli'dir. Ladik'te toprak 236 gün 'nemli', 57 gün 'kuru-nemli', 67 gün ise 'kuru' kalmıştır (Turan ve ark., 2018). Toprakta su fazlalığı (akış) Eylül ayı ortalarında başlamış ve Nisan ayının sonuna kadar devam etmiştir. Su noksanlığı; Temmuz (85,52 mm) Ağustos (85,1 mm) aylarında en yüksek değerlere ulaşmıştır. Toprakta yıllık 9,6 mm su noksanlığı bulunmaktadır. Toprak nem sınıflaması ise TypicXeric'tir" (Şekil 23) (Turan ve ark., 2018).

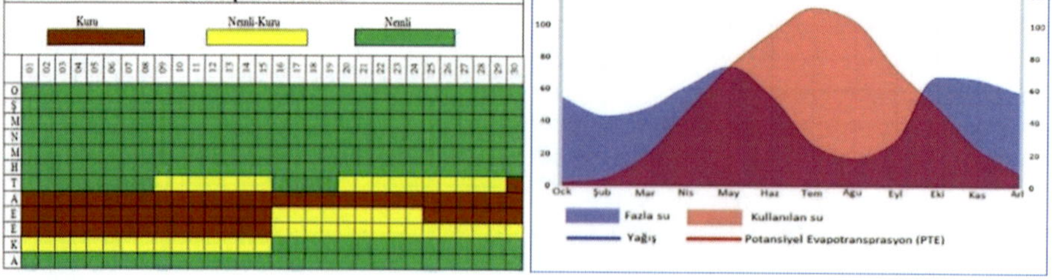

Şekil 23. Ladik ilçesi Newhall modeline göre aylara göre toprak nem bütçesi dağılımı (Turan ve ark., 2018)

3.4. Hidrografya Özellikleri

Akarsular aşındırma, biriktirme ve taşıma özellikleri dolayısıyla yeryüzünün şekillenmesinde etkilidir. Akarsular zaman zaman yataklarından taşarak taşkınlara neden olurlar. Ayrıca akarsular aktıkları yerlerdeki malzemeleri taşıyarak erozyona sebep olmaktadır. Bu nedenle doğal ortam özellikleri incelenirken hidrografik özellikler de incelenmiştir.

3.4.1. Akarsular ve Özellikleri

Mert Irmağı'nın ana kolu yaklaşık 63 km uzunluğundadır (Şekil 24). Mert Irmağı'nın büyüklüğü ve kısmen düzensiz yağış rejimi Samsun'da yaşanan sellerin olmasına sebep olmaktadır. Kaynağını Kavak ilçesi güneyindeki dağlık alandan almaktadır. Kara Dere, Kavak Irmağı, Karataş Deresi, Tuzla ve Yılanlı Deresi en önemli kollarındandır (Şekil 25).

Şekil 24. Mert Irmağı Aşağı çığırından bir görüntü.

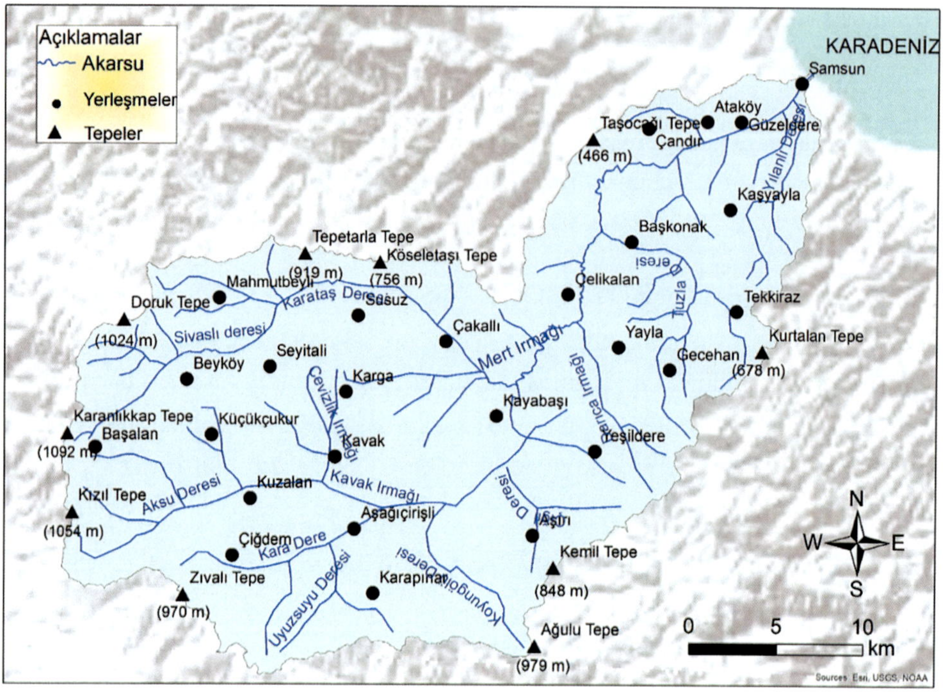

Şekil 25. Çalışma alanının hidrografya haritası.

Çalışma alanında 9 tane alt havza oluşmaktadır (Şekil 26). Karataş Havzası, Cevizli Irmağı, Kavak Irmağı, Kara Dere, Koyungölü Deresi, Çığıl Deresi, Darıca Irmağı, Tuzla Deresi ve Yılanlı Deresi alt havzaları oluşturmaktadır.

Çalışma alanının çatallanma oranı Strahler'e (1964) göre hesaplamıştır. Buna göre alanda 7 dizin meydana gelmiştir (Şekil 27). Dizi sayısının büyük olması havza içindeki akarsuların gücünü ortaya koymaktadır. Ayrıca dizin sayısının fazla olması sahada hem farklı kayaçların bulunduğunu hem de farklı yeryüzü şekillerinin olduğunu ortaya koymaktadır. Çatallanma oranı 1.14 ile 2.19 arasında değişmektedir (Tablo 17). Çatallanma oranının büyük olması geçirgenliğin az olduğunu göstermektedir (Atalay, 1986). Çalışma alanında geçirgenliğin az olduğu volkanik sahalarda çatallanma oranı yüksek iken, geçirimli sahalarda ise bu oran düşüktür.

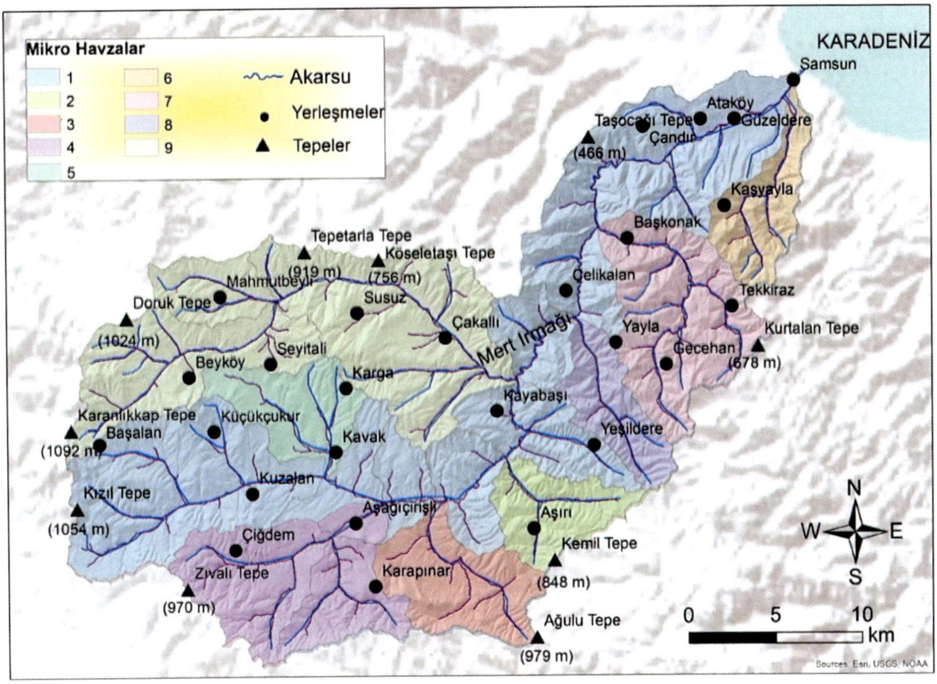

Şekil 26. Çalışma alanının alt havzalar haritası.

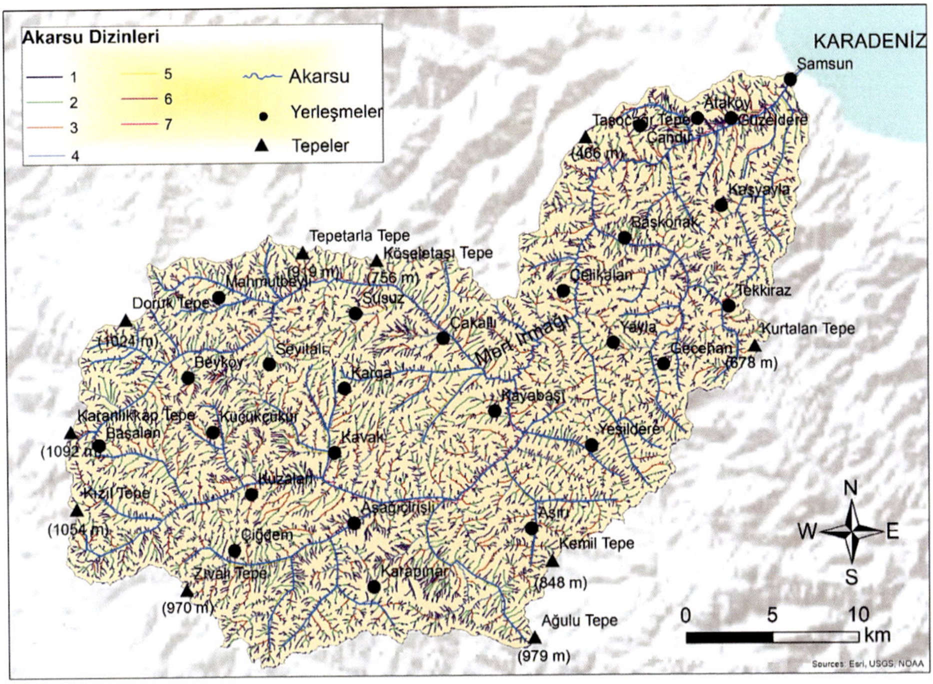

Şekil 27. Çalışma alanının çatallanma oranı haritası.

Tablo 17. Mert Irmağı'nın çatallanma özellikleri.

Dizin Sayısı	Parça Sayısı	Çatallanma Oranı	Toplam Uzunluk(km)
1	11786	2,19	1791
2	5360	1,77	863
3	3012	2,12	469
4	1419	1,92	203
5	739	1,40	91
6	525	1,14	55
7	460		54

3.4.2. Akarsu Akım Özellikleri

Mert Irmağı'nın akım özellikleri üzerinde DSİ tarafından kurulan akım gözlem istasyonu verileri doğrultusunda ortaya konmuştur. Çalışma alanı içerisinde iki tane akım gözlem istasyonu bulunmaktadır (Tablo 18). Mert Irmağı istasyonu Samsun il merkezinden Karadeniz'e dökülen Mert Irmağı üzerindedir. Akım gözlem istasyonu denize yaklaşık 11,5 km mesafede çorak köyü mevkiinde Mezbahane köprüsünün 4,2 km membaındadır (Anonim 2019b). Dereçam Deresi istasyonu ise Samsun-Havza yolunun 55. km'sinden sağa ayrılan Çukursağı köyü yolunun 1750 m ilerisindedir (Anonim 2019b).

Tablo 18. Mert Irmağı ve Dereçam Deresi istasyonları hakkında bilgiler.

İstasyon No	İstasyon Adı	Enlem (K)	Boylam (D)	Yükseklik (m)	Yağış alanı (km²)	Gözlem süresi
E22A062	Mert Irmağı	41°14'29"	36°16'48"	44	740	2005-2015
D14A081	Dereçam Deresi	41°4'33"	35°58'1"	652	9,90	1969-2015

Mert Irmağı istasyonunun yıllık ortalama debi miktarı 2,89 m^3/sn'dir. Aylık ortalama akım değeri yıl içinde en düşük değere eylül ayında 0,469 m^3/sn inmektedir. Mart ayında ise 8.322 m^3/sn ile en yüksek değerdedir (Şekil 28). Mart ayındaki yükselme de kar erimelerinin de etkisi vardır. Mart ayındaki artıştan sonra düşmeye başlamıştır. Dereçam Deresi istasyonun ise yıllık ortalama debisi 0.390 m^3/sn'dir (Tablo 19). Mart ayında en çok debiye ulaşmaktadır (0.209 m^3/sn) (Şekil 28). Mart ayından itibaren düşmeye başlayan debi ekim ayında 0.013 m^3/sn ile en düşük seviyededir (Şekil 28).

Tablo 19. Mert Irmağı ve Dereçam Deresi istasyonlarında ölçülmüş ortalama akım değerleri (m³/sn).

İstasyon Adı	10	11	12	1	2	3	4	5	6	7	8	9	Yıllık
Mert Irmağı (2007-2018).	0.630	2.650	2.783	3.029	3.389	8.322	5.241	2.688	2.194	2.572	0.740	0.469	2.89
Dereçam Deresi (1973-2015)	0.013	0.023	0.053	0.073	0.110	0.209	0.174	0.125	0.085	0.033	0.026	0.014	0.390

Kaynak: Anonim, 2019b.

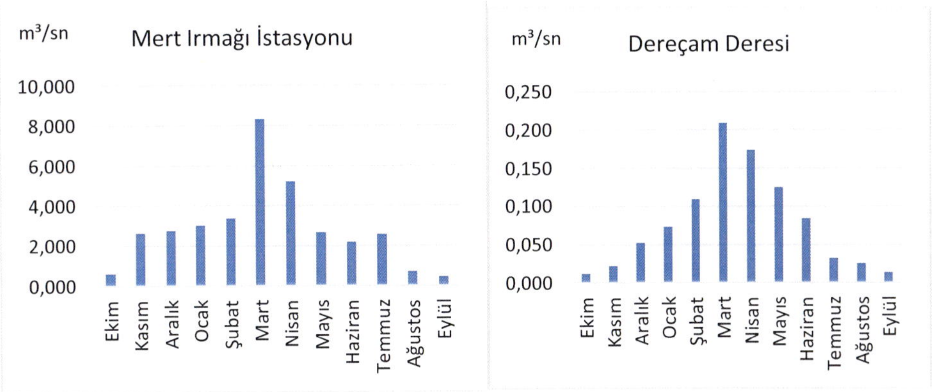

Şekil 28. Mert Irmağı ve Dereçam Deresi istasyonlarının akım diyagramları.

3.5. Toprak Özellikleri

Çalışma alanının doğal risklerinde toprak özellikleri önemli bir yerdedir. Erozyon, taşkın ve heyelan riskinde toprak özellikleri etkili parametrelerdendir. Büyük toprak grupları, arazi kullanım kabiliyet sınıfları ve derinlik özellikleri Samsun İli Arazi Varlığı Raporlarından (Anonim, 1987) belirlenmiştir. Ayrıca havzada erozyon parametrelerinden birini olan erodobilite de hesaplanmıştır. bunun için grid koordinatları kullanılarak her 2,5 km aralıklarla toplam 91 yüzey (0-20 cm) toprak örneği alınmıştır (Şekil 2, Şekil 29). Bu toprakların erodobilite için gerekli analizleri yapılmıştır. Elde edilen erodobilite değeri ArcGIS'de enterpolasyon yöntemlerden yararlanılarak dağılım haritası yapılmıştır.

Şekil 29. Çalışma alanından toprak örneği alımı.

Samsun İli Arazi Varlığı Raporları (Anonim, 1987) verilerine göre araştırma sahasında beş toprak tipi görülmektedir. Buna göre kahverengi orman toprakları (% 63.4) çalışma alanında en geniş yayılış alanına sahiptir (Şekil 30, Tablo 20). Kestanerengi topraklar çalışma alanının %16,5'lik kısmını oluşturmaktadır. Çalışma alanının güneybatısında yayılış göstermektedir. Alüvyal topraklar ise kıyıda akarsu ağız kısmında yayılış gösterir ve 8 km²'lik alan kaplamaktadır. En az yayılışa sahip topraklardır.

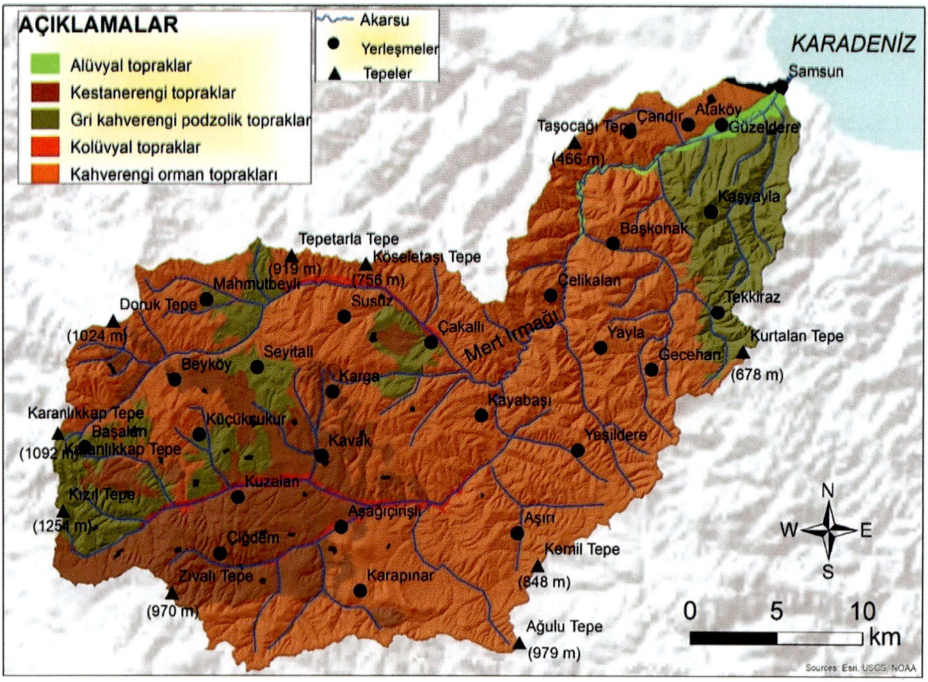

Şekil 30. Çalışma alanının büyük toprak grupları haritası

Tablo 20. Çalışma alanının büyük toprak gruplarının alansal ve oransal dağılımı

Büyük Toprak Grupları	**Alan (km²)**	**Oranı (%)**
Alüvyal topraklar	10	1,2
Kestanerengi topraklar	136	16,6
Gri kahverengi podzolik topraklar	138	16,9
Kolüvyal topraklar	13	1,6
Kahverengi orman toprakları	520	63,6
Toplam	817	100,0

Çalışma alanında I., II., III., IV., VI. ve VII. sınıf araziler yayılış göstermektedir (Şekil 31, Tablo 21). En fazla yayılış gösteren sınıf VII. sınıf arazileridir. VII. sınıf arazinin özellikleri çok meyilli, erozyona fazla uğramış, taşlı ve arızalı olup, çayır veya orman olarak kullanılabilir. Ayrıca üzerindeki bitki örtüsü azalırsa erozyonun çok şiddetlendiği arazidir (Anonim, 2020a).

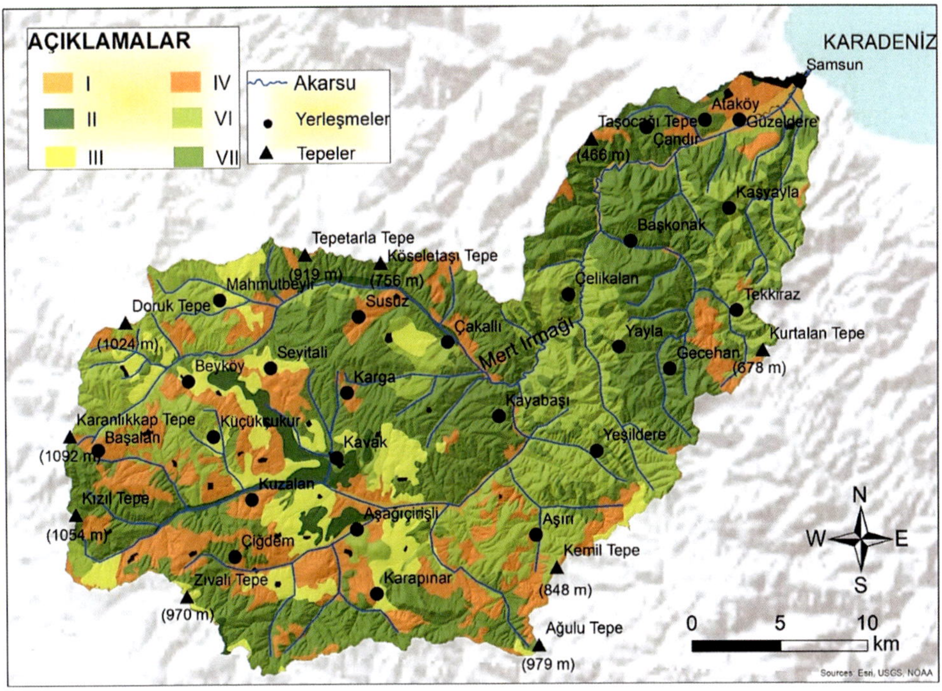

Şekil 31. Çalışma alanının arazi kullanım kabiliyet sınıfları haritası

Tablo 21. Çalışma alanının arazi kullanım kabiliyet sınıflarının alansal ve oransal dağılımları

AKK Sınıfı	Alan (km^2)	Oranı (%)
I	16	2,0
II	23	2,8
III	68	8,3
IV	147	18,0
VI	199	24,4
VII	364	44,6
Toplam	817	100,0

Çalışma alanında en az yayılış gösteren sınıf I. sınıf arazileridir. Alan içerisinde 16 km^2'lik alan kaplamaktadır. Bu arazilerin özellikleri şöyledir: "Düz veya düze yakın, derin, verimli ve kolayca işlenebilen toprakları ihtiva eden arazidir. Bu sınıf arazide pek az su ve rüzgar erozyonu olabilir. Topraklar iyi drenaja sahiptirler, su taşkın zararlarına maruz değildirler. Çapa bitkileri ve diğer entansif yetiştirilen ürünlere uygundurlar. Yağışların az olduğu yerlerde sulanan birinci sınıf araziler %1'den az meyilli, derin, tınlı yapılı, iyi su tutma kapasitesi olan, orta derecede geçirgen topraklara sahip arazilerdir" (Anonim, 2020a). Çalışma alanında I., II. sınıf arazilerde yerleşmenin ve tarım dışı alanların olduğu gözlemlenmiştir (Şekil 32).

Şekil 32. II. sınıf tarım arazilerinin bulunduğu yerde sanayi faaliyetlerinin yer alması; Candır köyü yakınları

Samsun İl Arazi Varlığı Raporları verilerine (Anonim, 1987) göre çalışma alanında yükseltinin fazla olduğu alanlarda derinliği az olan sığ topraklar, yükseltinin az havza tabanlarında ise derin topraklar yer alır (Şekil 33). Bunda çevredeki yüksek ve eğimli sahalardan toprak daha alçak ve eğimin az olduğu alanlara taşınırlar. Derin topraklarda 26 km²'lik alan kaplayarak havzanın %3,2 sini oluşturmaktadır (Tablo 22). Sığ ve çok sığ toprakların 627 km²'lik alanla havzanın %76,7'sini kaplamaktadır.

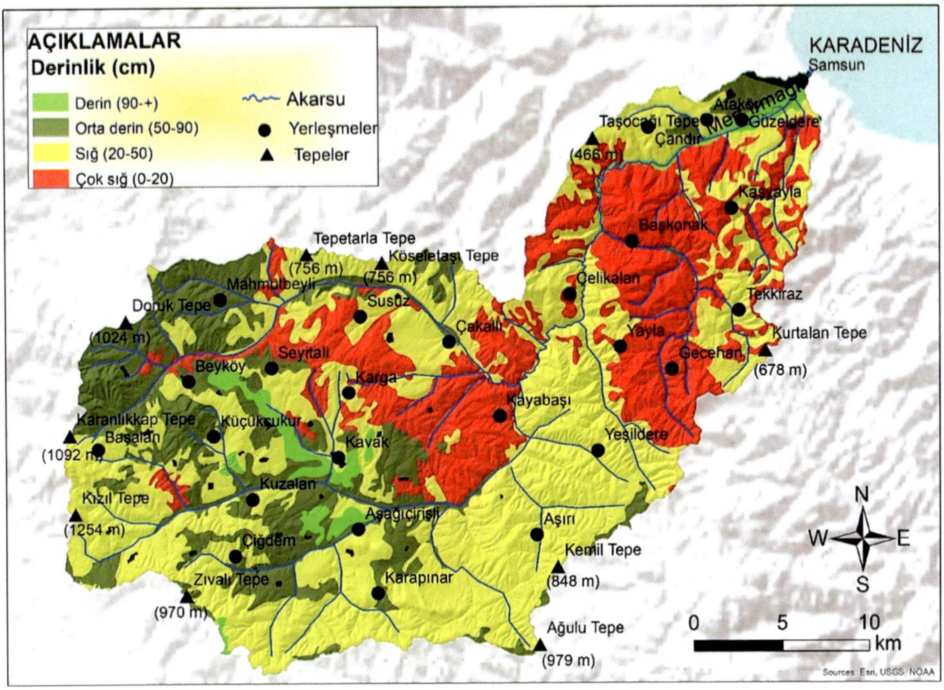

Şekil 33. Çalışma alanının derinlik haritası

Tablo 22. Çalışma alanının derinlik sınıflarının alansal ve oransal dağılımları.

Derinlik Sınıfı (cm)	Alan (km²)	Oranı (%)
Derin (90-+)	26	3,2
Orta derin (50-90)	164	20,1
Sığ (20-50)	417	51,0
Çok sığ (0-20)	210	25,7
Toplam	817	100,0

Çalışma alanının erodobilite faktörünün belirlenmesi için K değeri hesaplanmıştır. Yöntemler kısmında K değerinin hesaplanması ayrıntılı bir şekilde verilmiştir. Her bir nokta için kum, silt, kil, organik madde, geçirgenlik ve strüktür analizleri yapılmış ve K değeri elde edilmiştir (Şekil 34). Her bir noktanın elde edilen değerinin çalışma alanına dağılımının yapılması için uygun enterpolasyon yöntemi seçilip haritalanma işlemi yapılmıştır. K faktörü dağılım haritası için en uygun yöntem basit, Gaussian yöntemi kullanılmıştır (Tablo 23). Sınıf aralıkları ise Doğan ve Güçer'e (1976) göre yapılmıştır. Buna göre çalışma alanının büyük bir kısmı orta derecede aşınabilir özelliktedir (Şekil 35). 672 km^2'lik alanla alanın %82,3'ünü oluşturmaktadır (Tablo 24). Çok az aşınabilir sınıfı ise 1 km^2'lik alan ile çalışma alanının %0,1'ini oluşturmaktadır.

Şekil 34. K değeri hesaplanmasındaki analizlerden tekstür analizinin yapılışı.

Tablo 23. Çalışma alanının K dağılım haritası için uygulanan enterpolasyon yöntemlerinin RMSE değerleri.

	Ters Mesafe Ağırlıklandırma (IDW)			Radyal Tabanlı Fonksiyon (RBF)			Kriging								
							Doğal (Ordinary)			Basit (Simple)			Evrensel (Üniversal)		
	1	2	3	Thin Plate Spline	Completely Regularized Spline	Spline With Tension	Gaussian	Üssel (Exponential)	Küresel (Spherical)	Gaussian	Üssel (Exponential)	Küresel (Spherical)	Gaussian	Üssel (Exponential)	Küresel (Spherical)
K	0,027	0,029	0,031	0,039	0,029	0,028	0,026	0,026	0,026	**0,025**	0,025	0,026	0,026	0,026	0,027

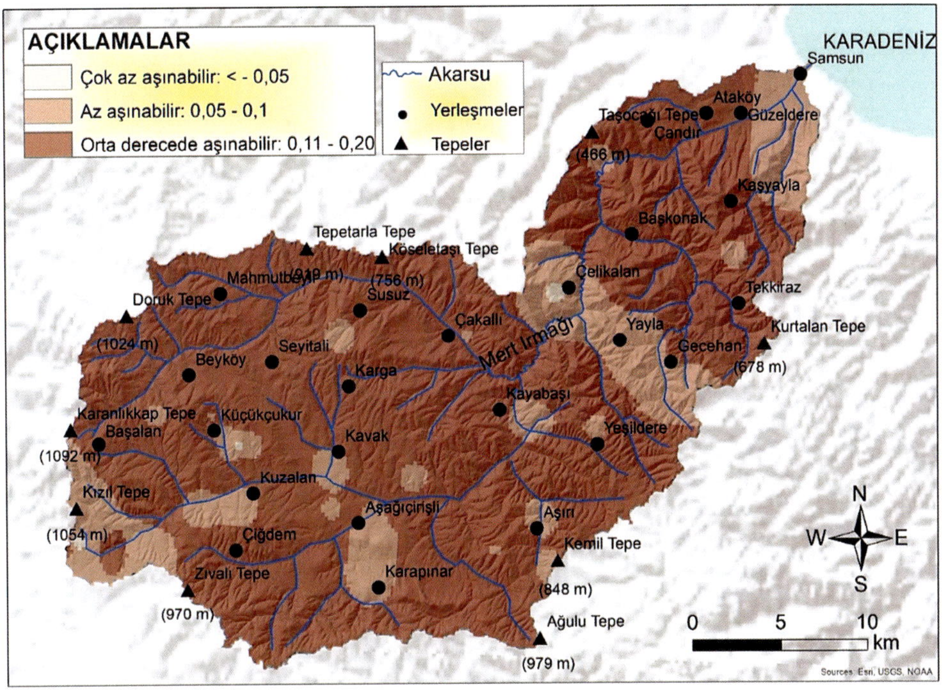

Şekil 35. Çalışma alanının K dağılım haritası.

Tablo 24. Çalışma alanının K dağılımının alansal ve oransal değerleri (Doğan ve Güçer, 1976).

Sınıf Aralığı	Değerlendirme	Alan (km²)	Oranı (%)
0-0,05	Çok az aşınabilir	1	0,1
0,05-0,10	Az aşınabilir	144	17,6
0,10-0,20	Orta derece aşınabilir	672	82,3
Toplam		817	100,0

3.6. Arazi Kullanım Özellikleri

Arazi kullanımı doğal afetlere etki etmesi bakımından önemlidir. Arazinin uygun kullanılmaması heyelan, erozyon, taşkın gibi doğal olayların afet karakteri kazanmasına neden olmaktadır. Arazinin durumunun bilinmesi alınacak önlemler açısından oldukça önemlidir.

Arazi Çalışma alanının arazi kullanımı CORINE 2018'da üretilmiştir (European Environment Agency, 2018). Çalışma alanında ormanlar geniş alan kaplamaktadır (Şekil 36, Şekil 37). Çalışma alanında 315 km²'lik alan kaplamaktadır (Tablo 25). Orman alanlarını doğal bitki örtüsü ile birlikte bulunan tarım alanları (192 km²) ve sulanmayan ekilebilir alanlar (140 km²) takip etmektedir (Tablo 25). Yeşil şehir alanları ise 0.3 km² alanla çalışma alanında en az alan kaplayan sınıftır (Şekil 38).

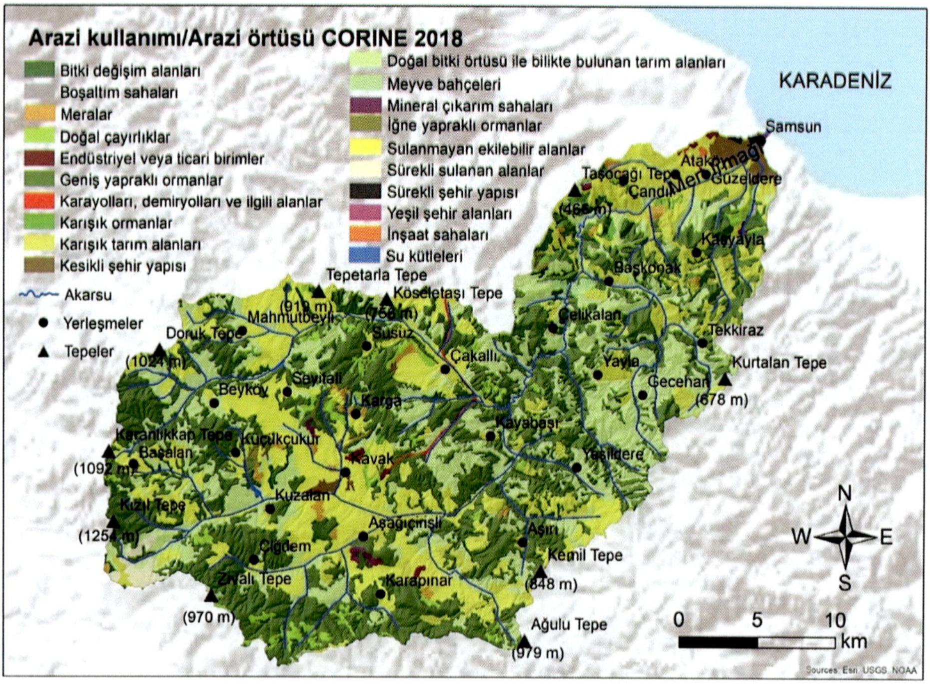

Şekil 36. Çalışma alanının CORINE 2018 arazi kullanımı/arazi örtüsü haritası.

Şekil 37. Çalışma alanının güneyinde Kavak ilçesi yakınlarındaki Karga köyü çevresindeki sarıçam ormanları.

Tablo 25. CORINE 2018 arazi kullanım/arazi örtüsü sınıflarının alansal ve oransal değerleri

Arazi kullanımı/arazi örtüsü sınıfı	Alan (km^2)	Oranı (%)	Arazi kullanımı/arazi örtüsü sınıfı	Alan (km^2)	Oranı (%)
Sürekli şehir yapısı	0,6	0,1	Meyve bahçeleri	2	0,2
Kesikli şehir yapısı	9	1,1	Meralar	8	1,0
Endüstriyel veya ticari birimler	2	0,2	Karışık tarım alanları	83	10,2
Karayolları, demiryolları ve ilgili alanlar	2	0,2	Doğal bitki örtüsü ile birlikte bulunan tarım alanları	192	23,5
Mineral çıkarım sahaları	2	0,2	Geniş yapraklı ormanlar	315	38,6
Boşaltım sahaları	0,4	0,0	İğne yapraklı ormanlar	2,2	0,3
İnşaat sahaları	0,5	0,1	Karışık ormanlar	3	0,4
Yeşil şehir alanları	0,3	0,0	Doğal çayırlıklar	19	2,3
Sulanmayan ekilebilir alanlar	140	17,1	Bitki değişim alanları	30	3,7
Sürekli sulanan alanlar	5	0,6	Su kütleleri	1	0,1

Şekil 38. Çalışma alanının kıyı yerleşmeleri; İlkadım ve Canik.

3.7. Nüfus ve Yerleşme Özellikleri

3.7.1. Nüfus Özellikleri

Araştırma sahasının nüfus özellikleri incelenirken Türkiye İstatistik Kurumu (TÜİK) verileri kullanılmıştır (Anonim, 2020b). Çalışma sahası sınırları içerisinde irili ufaklı toplam 104 yerleşme bulunmaktadır. 1965 yılında çalışma sahası içerisindeki köylerin toplam nüfusu 33220 kişidir (Şekil 38). Köylerdeki nüfus 1985 yılına kadar artarak 38464 kişiye ulaşmıştır. Bu tarihten sonra nüfus hızlıca azalmaya başlanmış ve 2015 yılında 20074 kişiye gerilemiştir. Ancak 2020 yılında köylerin toplam nüfusu bir miktar artarak 21002 kişi olmuştur.

Kavak ilçe merkezi nüfusu 1965 yılında 2473 kişidir (Şekil 39). İlçe merkezinin nüfusu sürekli artış eğiliminde olduğu gözlemlenmiştir. Adrese dayalı nüfus kayıt sisteminin 2020 yılı Kavak ilçe merkezinde nüfus 10261 kişiye ulaşmıştır. Ayrıca Mert Irmağı Samsun merkez ilçelerinden Canik ve İlkadım ilçelerinden birbirini ayıran sınırdır. Bu ilçelerinden bir kısmı çalışma alanı çerisinde kalmaktadır. 2000 yılında İlkadım 303202 kişi iken 2020 yılında ise 336501 kişiye çıkmıştır. Canik ilçesi ise 2000 yılında 86290 kişi iken 2020 yılında 101253 kişiye ulaşmıştır.

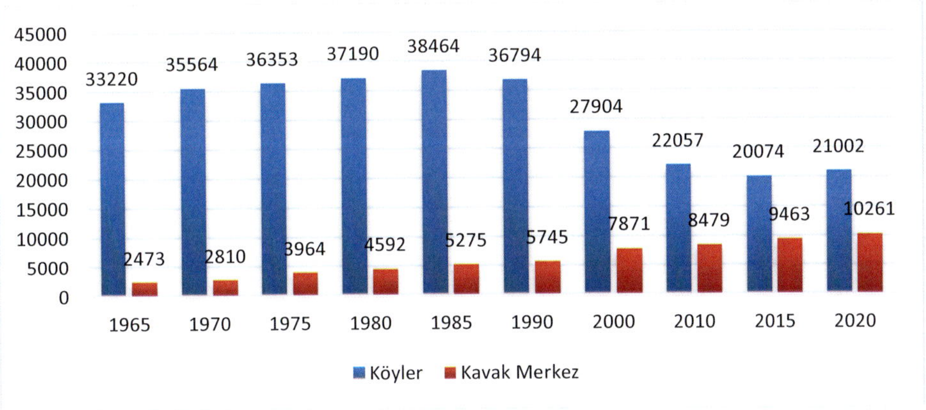

Şekil 39. Çalışma alanındaki yerleşmelerin nüfuslarının zamansal değişimi.
Kaynak: Anonim, 2020b.

Köylerin nüfus değişimlerine bakıldığında 1965–1970 yılları arasında yıllık %1,4 ile en yüksek artış hızı görülmektedir (Şekil 40). Devam eden yıllarda artış hızı yıllık %0,4 ile %0,7 arasında bir hızla 1985 yılına kadar devam etmiş, ancak kırsal kesimin nüfusu 1985–1990 yılları arasında %0,9 oranında azalmıştır. Azalış hızı 2000'li yıllarda yıllık %2,8 ile en yüksek seviyelere ulaştığı görülmüştür. Ancak 2020 yılına gelindiğinde yıllık %0,9 civarında nüfusun tekrar arttığı gözlemlenmiştir.

Kavak ilçe merkezi nüfusun değişimi incelendiğinde ise; ilçe merkezindeki artış sürekli devam etmiştir. Nüfus artış hızı 1965-1970 yılları arasında yıllık %2,6 seviyelerinde iken 1970-1975 yılları arasında %6,9 ile en yüksek seviyesine ulaşmıştır. Kavak ilçe merkezindeki nüfus artış hızları değişse de artma eğiliminin 2020 yılına kadar devam ettiği gözlenmiştir.

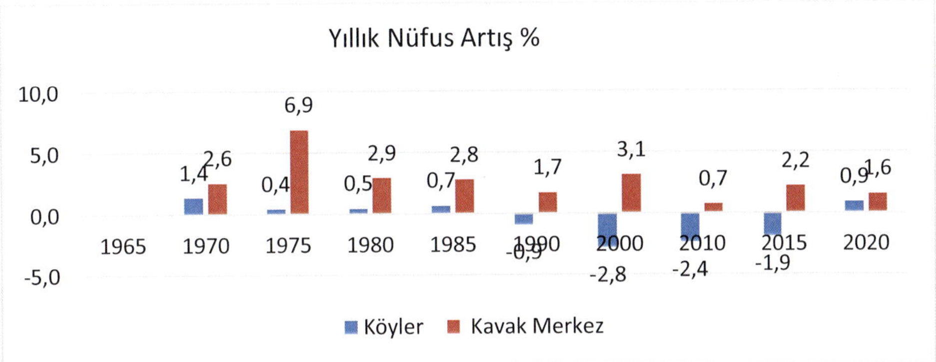

* Üstel değişim hızı kullanılarak hesaplanıştır.

Şekil 40. Çalışma alanındaki yerleşmelerin yıllık nüfus artışı (%).

3.7.2. Yerleşme Özellikleri

Çalışma alanının yerleşme özellikleri yükselti basamaklarına göre belirlenmiştir. Bunun için öncelikle TUİK'e ait veriler ve 1/25.000 ölçekli topografya haritaları kullanılmıştır. Havzada toplam 104 yerleşim merkezi yer almaktadır. Bunlardan ikisi Samsun merkez ilçelerinden olan İlkadım ve Caniktir. Mert Irmağı, İlkadım ve Canik ilçelerinin sınırını oluşturmaktadır. Bu ilçelerin bir kısmı havzanın kıyı kesiminde yer alır. Ayrıca güneyde Kavak ilçe merkezi de yer almaktadır. Diğer yerleşmeler ise köy ve mahalle statüsündedir.

Havzadaki yerleşim yerlerinin ve nüfus miktarlarının yükseklik kademelerine göre değişimini ortaya koymak için 2000 ve 2020 verileri esas alınmıştır. Havzada 2000 yılında toplam 424993 kişi bulunmaktaydı. Toplam 104 yerleşmeden 4 tanesi 0-200 m yükselti arasındadır (Şekil 40). Ancak bu yükseltide 390664 kişi ile en fazla nüfus olan yükseltidir. 200-400 m arasında 11 yerleşme ile 4753 kişi bulunmaktadır (Şekil 41). Yükselti arttıkça yerleşme sayısı artarken nüfus miktarı düşmektedir. En fazla yerleşmenin bulunduğu yükselti 600-800 m arasındadır ve 62 yerleşme bulunmaktadır.

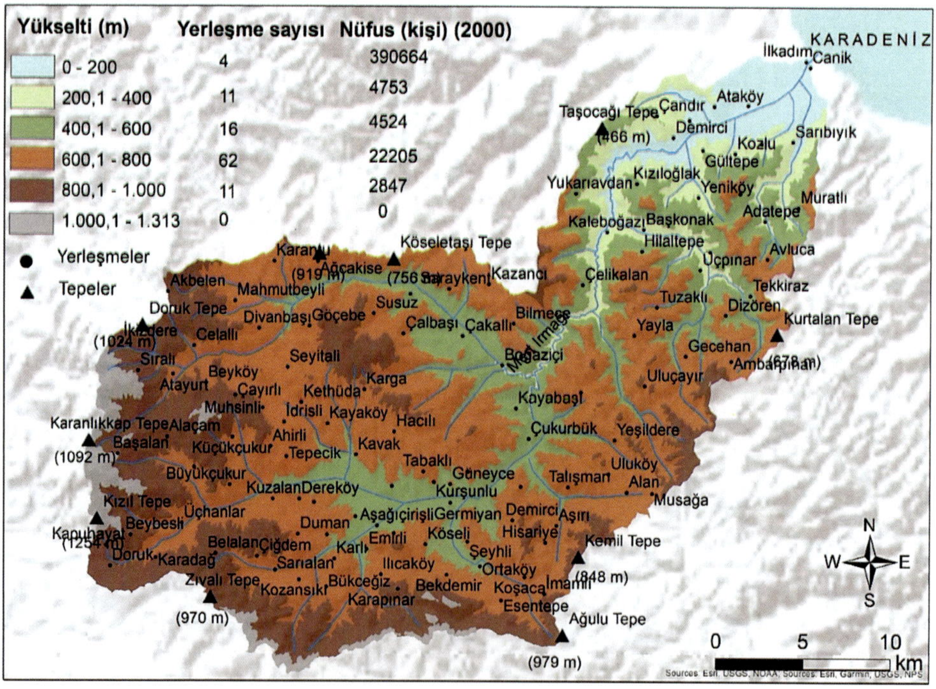

Şekil 41. Çalışma alanının yükselti basamaklarına göre 2000 yılına ait yerleşme ve nüfus miktarları.

2020 yılında da yerleşim merkezleri aynı kalmakta ve 0-200 m arasında 4 yerleşme merkezinde toplam 439707 kişi yaşamaktadır (Şekil 42). 2000 yılı ile karşılaştırdığımızda bu yükseltilerde nüfus artmıştır. En fazla yerleşmenin bulunduğu 600-800 m arasında ise toplam 62 yerleşim merkezinde 19740 kişi yaşamaktadır. Bu yükseltideki nüfus miktarı ise düşmektedir. Özellikle kıyı alanlarından merkez ilçelerde nüfus miktarı artarken yüksekteki köylerde ise nüfus miktarı düşmektedir. Çalışma alanında 1000 m'nin üzerinde ise yerleşme bulunmamaktadır.

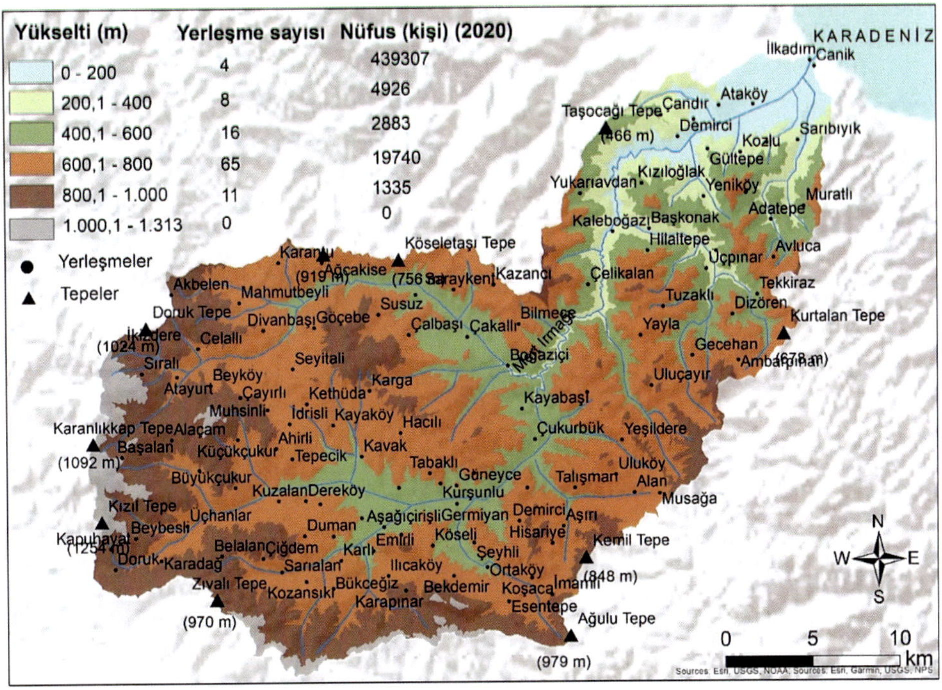

Şekil 42. Çalışma alanının yükselti basamaklarına göre 2020 yılına ait yerleşme ve nüfus miktarları.

Mustafa Kemal Atatürk Milli Mücadeleyi başlatmak için Samsun'dan Amasya'ya giderken kullandığı güzergahın bir kısmı çalışma alanı içerisinde yer almaktadır. Samsun Büyükşehir Belediyesi'nin çalışmaları ile orijinal güzergah ortaya çıkarılmış ve "Kurtuluş Yolu" adı ile açık hava müzesine dönüştürülmüştür (Şekil 43a). Yol güzergahı boyunca çeşme, köprü, menfez, han gibi tarihi yapılar ya restore ediliyor ya da aslına uygun olarak yeniden yapılıyor. Yol boyunca birçok noktada Atatürk'ün özlü sözlerine ait anıtlar yer almaktadır (Şekil 43b). Yolun belli noktalarında fırtına, tipi ve sisli havalarda güzergahını kaybetme riski olan taşıt ve yayalara güzergah göstermek amacıyla sis çanları mevcuttur (Şekil 43c).

Şekil 43. Bir kısmı çalışma alanı içerisindeki "Kurtuluş Yolu".

4. BÖLÜM

DOĞAL AFET RİSKİNİN BELİRLENMESİ (EROZYON, TAŞKIN VE HEYELAN)

4.1. Erozyon Riskinin Değerlendirmesi

Toprak; tortul, metamorfik ve volkanik kayalardan oluşan yerkabuğunun fiziksel ve kimyasal ayrışma olayları sonucunda meydana gelen ve bünyesinde son derece zengin flora ve fauna barındıran, iyon alış-verişi gibi sürekli olarak kimyasal olaylara sahne olan, bitkilere durak vazifesi gören ve bitkilerin beslenmesini sağlayan ve yer yüzeyini birkaç mm ile birkaç m arasında saran bir örtüdür (Atalay, 1982). Erozyon toprağın, bulunduğu yerden su veya rüzgârlarla harekete geçirilerek taşınması olayıdır (Mater, 1986). Atalay (2013) erozyonu su, rüzgar, buzul, yerçekimi ve dalga ile yer yüzeyinin aşınması şeklinde tanımlamıştır. Toprak erozyonunu, toprak oluşturan faktörlerin yerine koyduğundan daha hızlı biçimde toprağın doğal güçlerle yer değiştirmesidir (De Roo, 1993). Erozyonu meydana geliş şekline göre doğal (jeolojik) ve hızlandırılmış (anormal) erozyon olarak iki kısma ayırabiliriz. Doğal erozyon, doğanın kendi dengesi içerisinde meydana gelir. Problem oluşturmaz ve toprak kaybı çok yavaş bir şekilde gerçekleşir. Bu erozyonla yok olan topraklardan daha fazlası, tekrar oluşabilmektedir (Sarı, 1997). Hızlandırılmış erozyon ise insan etkisiyle giderek geri dönüşümü mümkün olmayan tahriplere yol açan erozyon türüdür. Hızlandırılmış erozyondaki en önemli etken nüfusun artmasıyla toprak üzerindeki baskının olmasıdır. Arazinin bozulmasının suya, tarıma, çevreye ve ekonomiye etkisi vardır. 1990'lardan beri her yıl dünya çapında yaklaşık 6 milyon hektar verimli arazi kaybedilmiştir (IPCC Working Group II Contribution to AR5, 2014; UN-OHRLLS, 2015). Dünyada 110 ülke erozyon nedeniyle çölleşme tehlikesindedir. Birleşmiş Milletler Genel Meclisi Eylül 2015'te, "2030 Sürdürülebilir Kalkınma Gündemi"ni kabul etmiştir. Sürdürülebilir Kalkınma Hedefi (SKH) 15, taraf ülkeleri, karasal ekosistemlerin korunmasına, yenilenmesine ve sürdürülebilir kullanımlarına, ormanların sürdürülebilir idaresine, çölleşme ile mücadeleye, arazi tahribatını durdurmaya ve bu süreç ile biyoçeşitlilik kaybını geri çevirmeye teşvik etmektedir. 15.3 sayılı alt başlık ise 2030'a kadar "çölleşme ile mücadeleyi, çölleşmeye, kuraklığa ve sellere maruz kalmış araziler dâhil tahribe uğramış arazi ve toprağın restorasyonunu, ve arazi tahribatı dengelenmiş bir dünyaya erişmek için çabalamayı" öngörmektedir (UNCDD, 2016).

Ülkemizde yanlış tarım yöntemleri, ormanların tahrip edilmesi, tarıma açılan arazilerinin daha sonra kullanılmaması, araziyi en uygun şekilde kullanmamak, aşırı otlatma gibi nedenler toprak üzerindeki baskıyı arttırarak erozyonu hızlandıran etmenler arasındadır. Ülkemizin topografik özellikleri de erozyonu hızlandırmaktadır. Özellikle yarı kurak bölgelerdeki topraklar erozyona karşı daha hassastır. Buralardaki toprakların fiziksel ve kimyasal özellikleri bozulmaya daha açıktır (Günal ve ark., 2018). Türkiye'deki Çölleşme Hassasiyet Haritası'na göre, Türkiye'nin %22,5'i yüksek, %50,9'u ise orta düzeyde çölleşme hassasiyetine sahiptir (ÇEM, 2017). Ayrıca, aynı çalışmada ulusal ölçekteki çölleşme kriter ve göstergelerine göre, iklim, su, toprak, arazi örtüsü ve arazi kullanımı, topoğrafya ve jeomorfoloji, sosyo-ekonomi ve yönetim Türkiye'deki çölleşme/arazi tahribatındaki başlıca etmenler olarak sıralanmaktadır.

4.1.1. Erozyona Neden Olan Faktörler

Erozyonda etkili olan 7 parametre ele alınmıştır. Bunlar erodobilite, yağış, arazi kullanımı, bitki örtüsü kapalılık, jeoloji, eğim ve toprak derinliğidir.

Çalışma alanındaki yüzeylenen kayaçlar erozyonu etkileyen etmenlerden biridir. Sönmez ve ark. (2013) da yapmış oldukları çalışmada jeoloji parametresini ele alarak yüzeylenen kayaçların erozyona etkisi bakımından değerlendirip çalışma alanına yayılışını incelemişlerdir. Volkanik ve dirençli özellikteki kayaçlarda erozyon riski az iken sedimanter kayaçlar da ise erozyon riski daha fazladır. Çalışma alanının jeolojik özellikleri Bölüm 3'te verilmiştir. Bu kısımda da erozyona etkisi bakımından jeolojik özellikler sınıflandırılmıştır (Şekil 44). Buna göre çalışma alanında erozyon riski bakımından 3. sınıf alanlar en geniş yayılışa sahiptir. Bu alanlar 581 km^2 alanla çalışma alanının %71.1'ini oluşturmaktadır (Tablo 26). Çalışma alanının en az dağılış gösteren sınıfı ise 2. sınıftır. 2. sınıfta çalışma alanında 11 km^2'lik alan kaplamaktadır (Tablo 26).

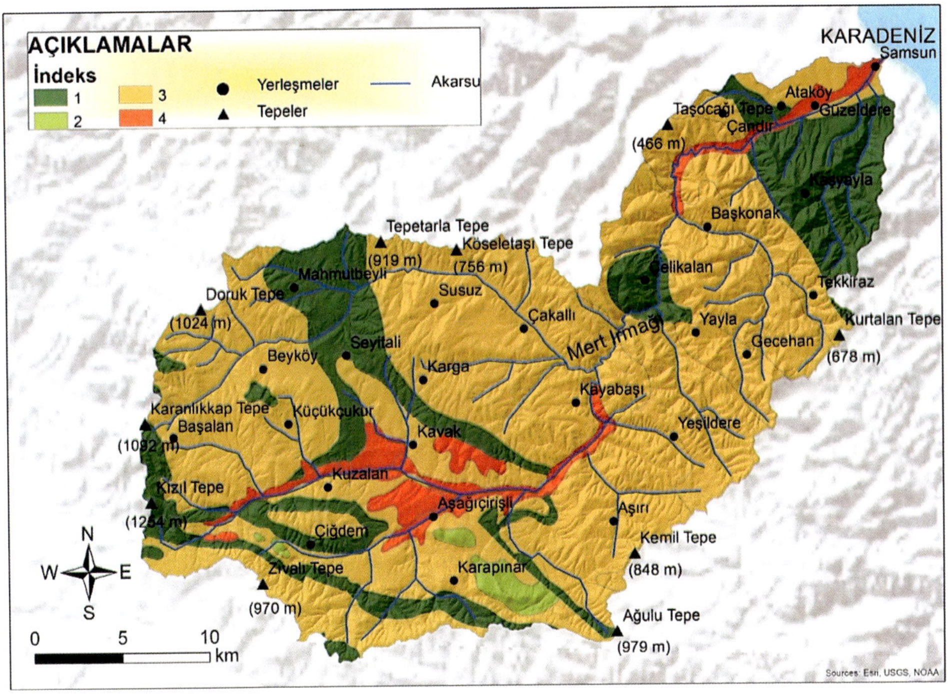

Şekil 44. Çalışma alanının Jeoloji parametresinin erozyon riski için dağılım haritası.

Tablo 26. Erozyonda etkili olan parametrelerin indekslerinin alansal ve oransal dağılımı.

Jeoloji	Alan		Erodobilite (K)	Alan		Eğim	Alan	
	km²	%		km²	%		km²	%
1	175	21,4	1	1	0,1	1	6	0,7
2	11	1,3	2	144	17,6	2	40	4,9
3	581	71,1	3	672	82,3	3	99	12,1
4	50	6,1				4	672	82,3
Toplam	817	100,0	Toplam	817	100,0	Toplam	817	100,0
Bitki örtüsü kapalılık	Alan		Toprak derinliği	Alan		Arazi kullanımı	Alan	
	km²	%		km²	%		km²	%
1	433	53,0	1	26	3,2	1	514	62,9
2	27	3,3	2	164	20,1	2	16	2,0
3	357	43,7	3	417	51,0	3	56	6,9
			4	210	25,7	4	231	28,3
Toplam	817	100,0	Toplam	817	100,0	Toplam	817	100,0

Toprak özelliklerinin erozyona etkisi toprak aşınım faktörü (erodobilite) olan K değeri belirlenerek dahil edilmiştir. Özellikle RUSLE toprak modelinde K faktörü dahil edilerek erozyon riski hesaplanmaktadır (Tağıl, 2007; Özşahin, 2014; Mohammed, ve ark., 2020; Bamutaze, ve ark. 2021). Çalışma alanının K dağılım sınıflarına baktığımızda ise 3. sınıf olan orta düzeyde aşınabilir alan geniş yayılış göstermektedir (Şekil 45). Çalışma alanında 672 km²'lik alan kaplamaktadır (Tablo 26). Çalışma alanında 1. sınıf içerisinde olan çok az aşınabilir alan 1 km² ile en az dağılım gösteren sınıftır.

Erozyonda etkili olan bir diğer toprak parametresi de toprak derinliğidir. Eğimin az olduğu alanlarda topraklar taşınarak biriktiği için toprak derinliği fazladır ve toprağın taşınması azalır. Derinlik azaldıkça ise toprağın taşınması artmaktadır. CORINE erozyon model çalışmalarında toprak derinlik parametresi kullanılmaktadır (Dengiz ve Akgül, 2005; Bayramin ve ark., 2006; Aydın ve Tecimen, 2010; Zhou, 2012; Entezari ve ark., 2013). Çalışma alanında 417 km²'lik alan ile sığ topraklar geniş yayılış gösterir (Şekil 46, Tablo 26). Erozyon bakımından en az yayılış gösteren alan 1. sınıf arazisidir. Çalışma alanında 26 km²'lik alan kaplamaktadır.

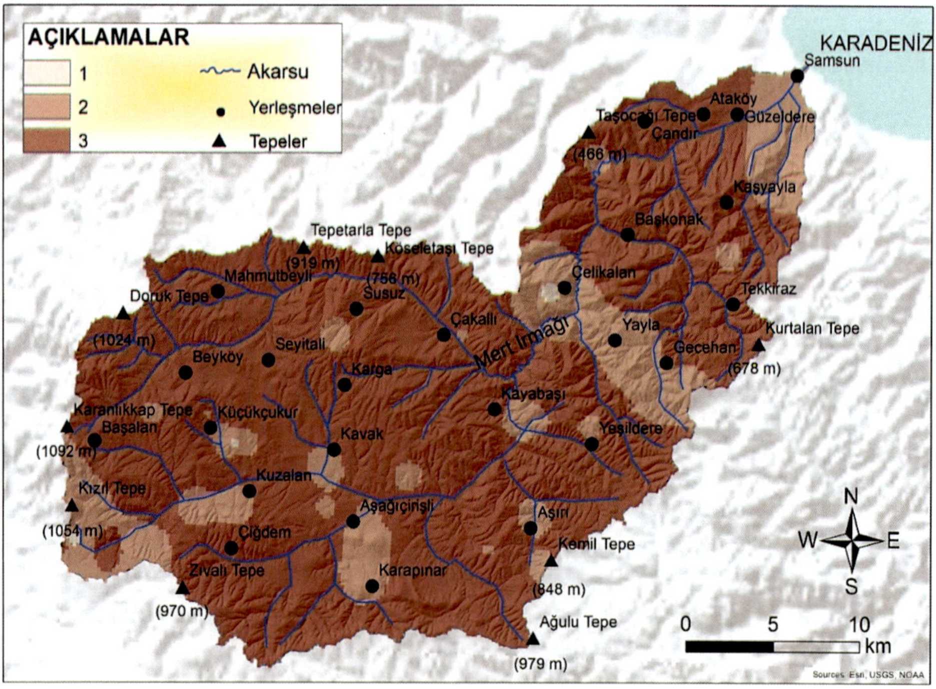

Şekil 45. Çalışma alanının K faktörü erozyon riski için dağılım haritası.

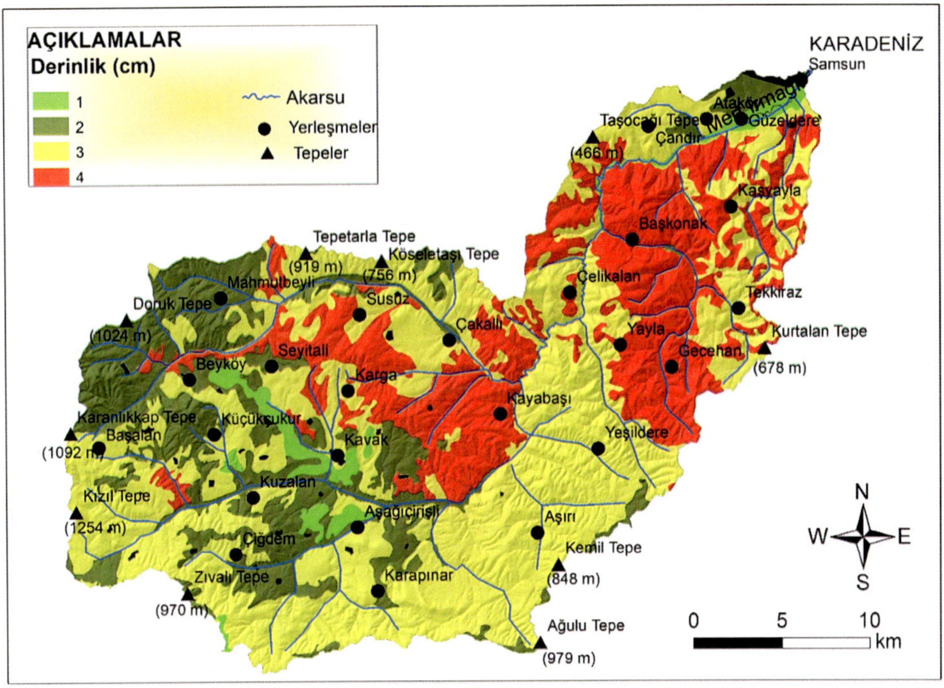

Şekil 46. Çalışma alanının derinlik faktörü erozyon riski için dağılım haritası.

Eğim ve erozyon arasındaki bir ilişki olduğunu söylemek mümkündür. Eğimin arttığı yerde erozyon da artmaktadır. Eğimin azaldığı yerlerde de toprak birikmekte hem erozyon azalmakta hem de toprak derinliği artmaktadır. Haidara ve ark. (2019) yapmış oldukları çalışmada Bulanık mantık analitik hiyerarşik süreci kullanarak erozyon risk tespitinde bulunmuşlardır ve eğim değerini de erozyonda etkili olan parametreler arasında değerlendirmişlerdir. Eğim sınıflarının dağılımında ise 4. sınıf arazisi yani eğimin %12'den fazla olduğu alanlar çalıma alanında 672 km²'lik alan kaplamaktadır (Tablo 26). Çalışma alanında Mert Irmağı'nın deniz döküldüğü yerler ve Kavak ilçe merkezi ve çevresinde eğim değerleri düşüktür ve %12'nin altında bir değere sahiptir (Şekil 47).

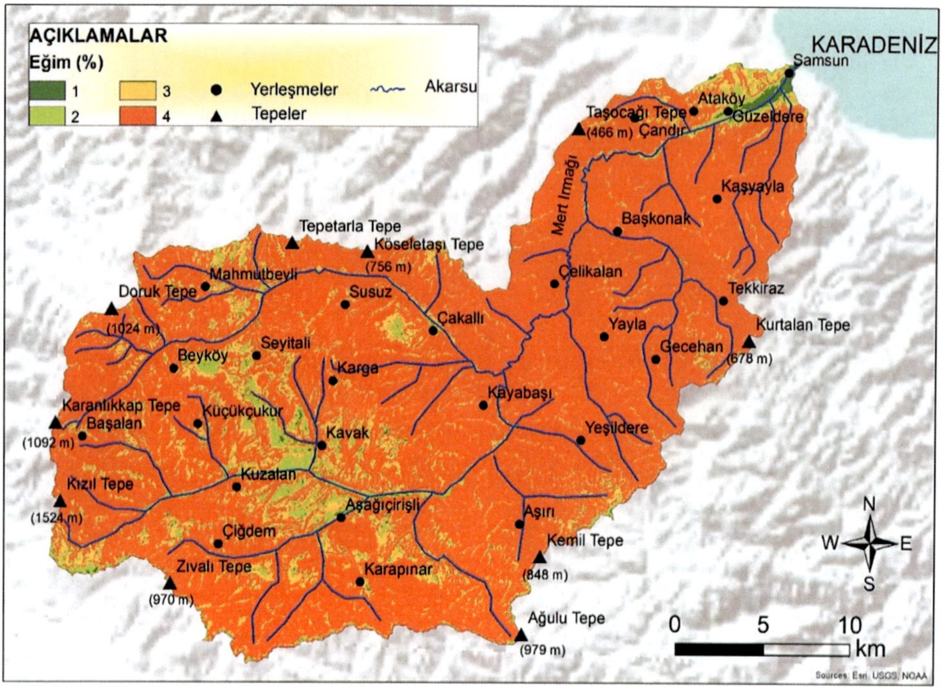

Şekil 47. Çalışma alanının eğim faktörü erozyon riski için dağılım haritası.

Arazi kullanımı da erozyona etki etmektedir ve erozyon riski belirlenirken ele alınan parametrelerden biridir. Güney ve Turoğlu (2018) yapmış oldukları çalışmada erozyona etki eden parametreler arasında arazi kullanımını ele almışlardır. Orman alanlarında özellikle tarım alanlarına göre erozyon riski daha düşüktür. Sulama toprak verimliliği üzerinde olumsuz etkilemektedir (Trout, 2000). Bucks ve ark. (1990), yapmış oldukları çalışmada sulama faaliyetlerinin toprak erozyonuna yol açarak değer kaybına yol açtıklarını belirtmektedirler. Çalışma alanına CORINE 2018 verileri kullanılarak arazi kullanım haritası üretilmiştir. Üretilen bu haritadaki verilere erozyona etkisi bakımından ağırlık puanları atanmıştır. Elde edilen erozyona etki haritasında 1. sınıf araziler 514 km^2'lik alan kaplamaktadır (Tablo 26). Özellikle çalışma alanında erozyon riskinin az olduğu ormanlık alanlar bu sınıf içerisindedir. Erozyona etki derecesi bakımından en yüksek olan 4. sınıf arazisi ile çalışma alanının 231 km^2'lik alan kaplamaktadır (Tablo 26). Tarım alanlarının tamamı bu sınıf içerisine dahil olmuştur (Şekil 48).

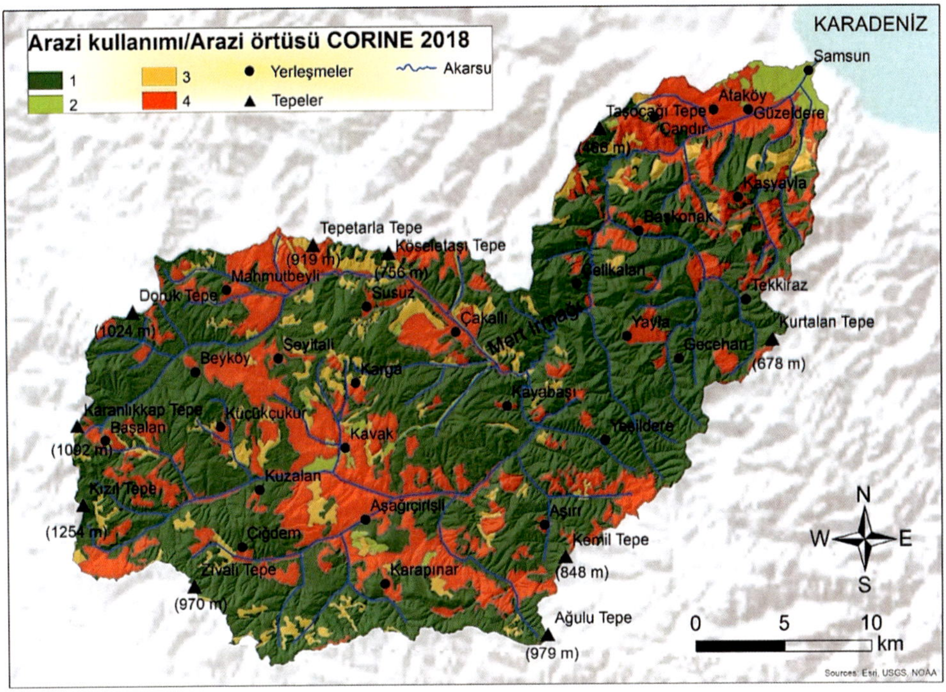

Şekil 48. Çalışma alanının arazi kullanımı faktörü erozyon riski için dağılım haritası.

Bitki örtüsü de erozyona etkisi bakımında değerlendirilmiştir. Demirağ Turan ve ark., (2020a) yapmış oldukları çalışmada toplam ve minimum veri setleri kullanarak Sinop'un erozyon dağılımını ortaya koymuşlardır. Çalışmada temel bileşenler analizi kullanarak minimum veri seti içerisinde toprak aşınım faktörü (erodobilite), eğim ve bitki örtüsü olarak belirlemişlerdir. Mert Irmağı'nda yapılan bitki örtüsü kapalılık dağılımı Şekil 48'de verilmiştir. Buna göre çalışma alanında 433 km^2'lik alan iyi sınıf içerisinde ve erozyon etkisi bakımından 1. sınıf ağırlık verilmiştir. Bu alanlar çalışma alanındaki yoğun ormanlık alanlardır. 43,7 km^2'lik alan ise 3. sınıf içerisinde ve özellikle bitki örtüsü bakımında oldukça seyrek olan yerleşme alanlarının olduğu alanlardır (Şekil 49).

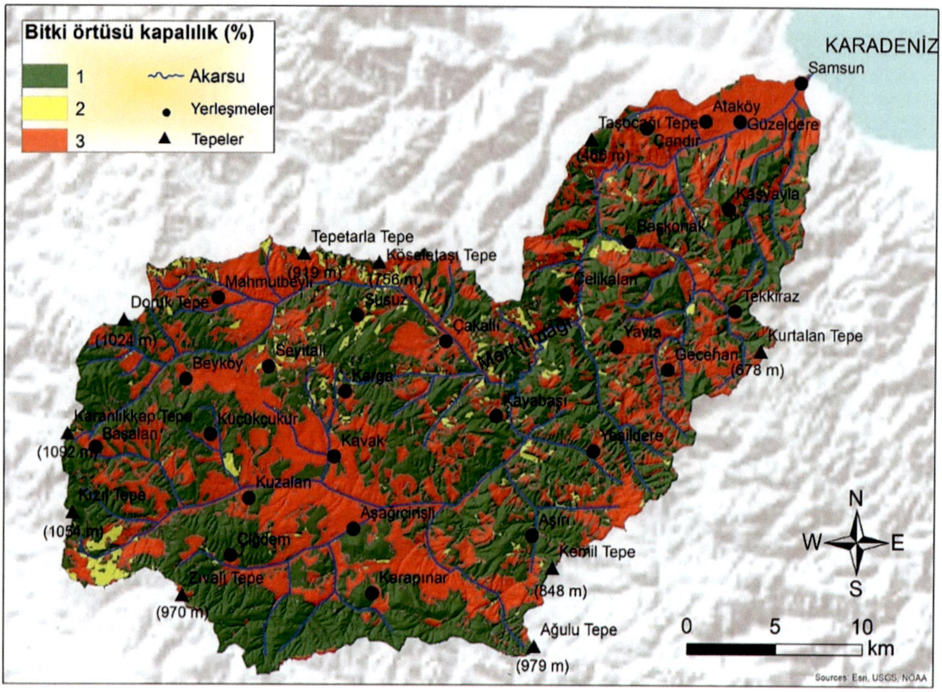

Şekil 49. Çalışma alanının bitki örtüsü kapalılık faktörü erozyon riski için dağılım haritası.

Yağış faktörü için ise erozyon modellerinde kullanılan Fournier İndeksi uygulanmış ve 64,13 olarak bulunmuştur. Bu değer FI sınıflamasına göre 2. sınıfa karşılık gelmektedir. Erozyondaki etkinliği ise orta seviyededir.

4.1.2. Erozyon Riski

Çalışma alanında erozyon risk değerlendirmesi yapılabilmesi için öncelikle her bir parametreye etki değerleri dikkate alınarak ağırlıklar verilmiştir. AHS tekniği kullanılarak parametreler kendi arasında ikili karşılaştırılmış (Tablo 27).

Tablo 27. Erozyon riski için kullanılan parametrelerin ikili karşılaştırmalar matrisi

İkili Karşılaştırmalar Matrisi							
	Erodobilite	Eğim	Arazi Kullanımı	Bitki örtüsü kapalılık	Jeoloji	Derinlik	Yağış
Erodobilite	1	1/5	1/5	1/5	2	1/3	1/2
Eğim	5	1	1/2	1/3	5	5	3
Arazi Kullanımı	5	2	1	1/2	3	3	3
Bitki örtüsü kapalılık	5	3	2	1	3	3	3
Jeoloji	1/2	1/5	1/3	1/3	1	1/3	1/3
Derinlik	3	1/5	1/3	1/3	3	1	1/5
Yağış	2	1/3	1/3	1/3	3	5	1

Parametrelerin normalize edilmiş hesaplamaları ve öncelik vektörü Tablo 28'de verilmiştir. Buna göre 0.288 ağırlık değeri ile bitki örtüsü kapalılık parametresi en yüksek ağırlığa sahiptir. Bunu arazi kullanımı (0,213) ve eğim kriterleri (0,200) izlemektedir. Tutarlılık oranı ise 0,10 olarak bulunup tutarlı kabul edilmektedir. Arazi üzerindeki örtünün erozyon için ne kadar önemli olduğunu göstermektedir. Jeolojik özellikler ise diğer parametreler ile karşılaştırdığımızda en az öneme sahiptir. Ancak bir bütün olarak birbirleri ile bağlantılı olan doğal süreçler insanoğlunun yanlış arazi kullanımı ile erozyonu tetiklemektedir.

Tablo 28. Erozyon riskinde kullanılan parametrelerin ağırlık değerleri

Öncelik Vektör			
	Normalize Edilmiş Satırlar Toplamı	Normalize Edilmiş Satırlar Ortalaması	Öncelik Vektörü
Erodobilite	0,348	0,348/7	0,050
Eğim	1,398	1,398/7	0,200
Arazi Kullanımı	1,491	1,491/7	0,213
Bitki örtüsü kapalılık	2,013	2,013/7	0,288
Jeoloji	0,332	0,332/7	0,047
Derinlik	0,574	0,574/7	0,082
Yağış	0,846	0,846/7	0,121

Parametreler ve ağırlıkları hesaplandıktan sonra ArcGIS'de Spatial Analyst aracı kullanarak her bir parametre ağırlıkları oranında burada çakıştırılmıştır. Elde edilen erozyon risk dağılım haritasına göre çalışma alanının 540 km²'lik alanı orta derecede riskli sınıftadır (Şekil 50, Tablo 29). Bu sınıf çalışma alanının orta kesiminde yayılış gösterir. Şiddetli erozyon riski ise 156 km²'e ile çalışma alanında 2. en yüksek yayılışa sahiptir (Şekil 50). Çalışma alanında bitki örtüsünden yoksun, tarıma açık alanlardır. AHS tekniği ile de bitki örtüsü en yüksek kriter çıkmıştır. Bitki örtüsünden sonra arazi kullanımı, eğim ve yağış faktörünün gelmesi çalışma alanındaki erozyon risk dağılış haritasında gözlemlenmektedir. Şiddetli erozyon çalışma alanının özellikle güneyinde görülmektedir. Kavak ilçesi çevresindeki köylerde yer yer görülmektedir (Şekil 51, 52).

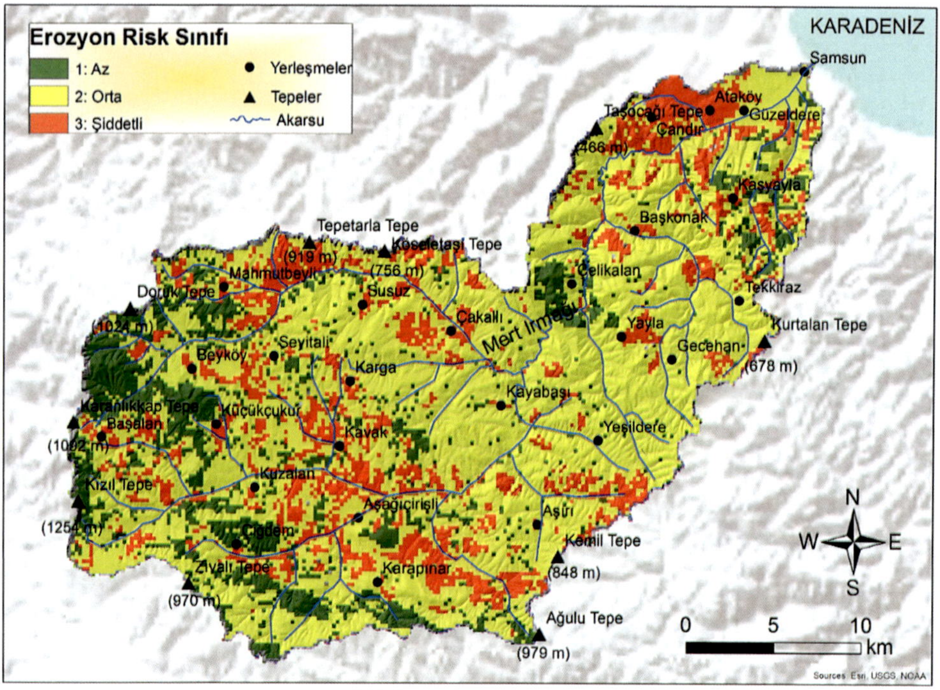

Şekil 50. Çalışma alanının erozyon risk haritası.

Tablo 29. Çalışma alanının erozyon riskinin alansal ve oransal dağılımı.

	Tanımlama	**Alan (km²)**	**Oran (%)**
1	Az	121	14,8
2	Orta	540	66,1
3	Şiddetli	156	19,1
Toplam		817	100,0

Şekil 51. Kavak ilçesi çevresinde yarıntı erozyonu.

Şekil 52. Çakallı çevresinde oluk erozyonu.

Çalışma alanının elde edilen sonuçları 1987 yılında yayınlanmış Samsun il arazi envanter raporu ile karşılaştırılmıştır (Şekil 53) (Anonim, 1987). Samsun ili arazi envanter raporu verilerinden çalışma alanı kesilmiş ve erozyon dağılım haritası oluşturulmuştur. Bu çalışmada da az, orta ve şiddetli diye üç sınıf oluşturulmuştur. Buna göre çalışma alanının 404 km²'lik alanı orta erozyon sınıfı içerisindedir (Tablo 30). Bizim bu çalışmada elde ettiğimiz sonuçta da orta sınıf en yüksek yayılıma sahiptir. 371 km²'lik alan ise şiddetli erozyon riskindedir. Güncel arazi çalışmaları, laboratuvar analizleri ve güncel arazi kullanım verileri ile yapılan bu çalışma da orta derecede şiddetli sınıfın yayılış alanı çok daha fazladır. Özellikle bitki örtüsü ile kaplı alanlarda erozyon riski diğer faktörlerle birlikte orta derecede çıkmaktadır. Güneydeki bitki örtüsünün cılız, arazi kullanımının tarım, eğim değerlerinin belirli yüzdelerde olduğu alanlar şiddetli erozyon riskindedir.

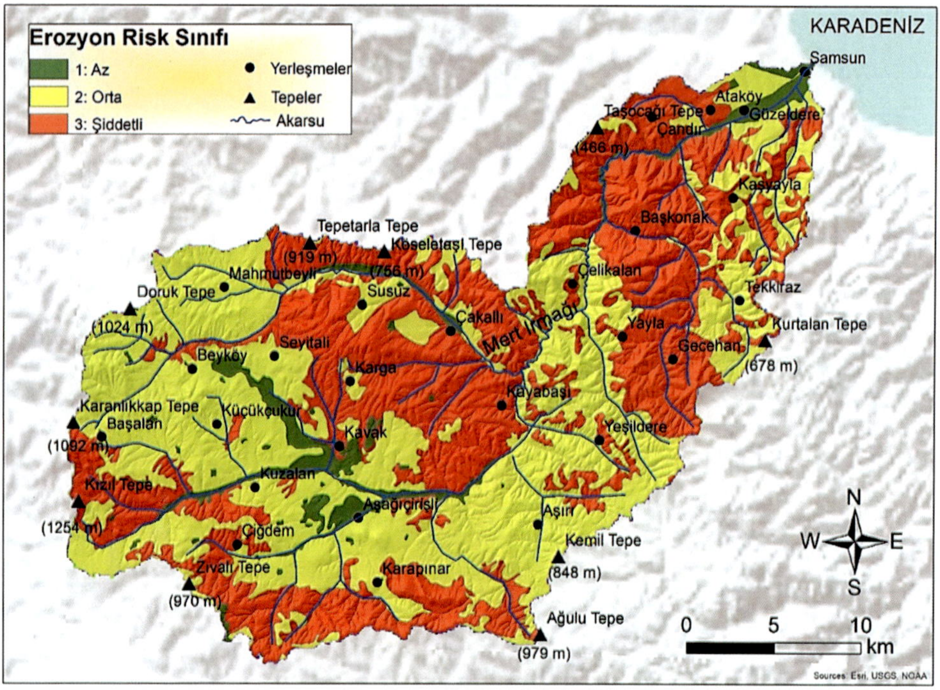

Şekil 53. Çalışma alanının 1980 yılı arazi envanter raporuna göre erozyon haritası.

Tablo 30. Çalışma alanının 1980 yılı envanter raporuna göre erozyonun alansal ve oransal dağılımı.

	Tanımlama	**Alan (km²)**	**Oran (%)**
1	Az	42	5,1
2	Orta	404	49,4
3	Şiddetli	371	45,4
Toplam		817	100,0

AHS tekniğinde parametrelerin havzanın özelliği doğrultusunda belirlenmesi bu modelin en büyük avantajlarındandır. Ayrıca ikili karşılaştırmalar matrisinin tutarlığının kontrol edilmesi de modelin bir diğer avantajıdır. Elde edilen sonuçların yöneticilere önemli katkı sağlayacağı düşünülmektedir. Erozyon riskinin şiddetli olduğu alanlara uygun planlama çalışmalarının yapılması gerekmektedir. Ayrıca diğer alanlarda da araziye uygun kullanılması konusunda önemli bir kaynak oluşturmaktadır.

AHS tekniğini CBS ile birleştirerek verilerin amaca uygun olarak analiz işlemi gerçekleştirilmektedir. Bu yöntem ve tekniklerin verilerin kısa sürede işlenmesi bakımından da önem arz etmektedir.

4.2. Taşkın Risk Analizi

İnsanoğlu, tarihi boyunca su alanları çevresine yerleşmiştir. Bu alanların verimli tarım alanları olması da yerleşme de etkilidir. Ancak günümüzde nüfusun artmasıyla havza tabanlarına olan yerleşmeler artmaktadır. Ayrıca iklim değişikliğinin de etkisiyle yağışların ani ve yoğun bir şekilde olması yağışın afet karakteri kazanmasına sebep olmaktadır.

İnandık, (1960), çalışmasında taşkını, ekseriya oldukça kısa zamanlara inhisar etmek üzere, akarsu yataklarında bazen suların son derece bollaştığı, su seviyesinin yükseldiği, hızının arttığı ve taşınan materyallerin çoğalması olarak tanımlamıştır. Hoşgören, (2013, 2014), çalışmasında taşkını, akarsuyun su kütlesinin arttığı ve su seviyesinin yıllık ortalama seviyenin çok üstüne çıktığı ve akarsuyun yatağından taşarak çevresini basması olarak tanımlamıştır. Şahin, (2005), çalışmasında taşkını, suyun yatak dışına çıkarak çevredeki alçak yerlere yayılması diye tanımlamıştır. Turoğlu ve Özdemir, (2005), çalışmasında taşkını, su fazlasına bağlı olarak, kıyılardan başlayarak düz ve çukur alanları kaplayan ve havzadaki diğer alanları da etkileyen, geçici göllenme, su basması olarak tanımlamıştır.

Dünya genelinde taşkının sıklığı ve risk durumu gün geçtikçe artmaktadır. Yağışın şiddet ve sıklığının artması ve kentleşmeyle birlikte taşkından sosyo-ekonomik olarak etkilenme taşkın riskini arttırmaktadır. İklimle ilgili afetlerde bir artış yaşanmaktadır (Anonim, 2020c). 3,656 iklimle ilgili olay (1980-1999) 2000-2019 döneminde artarak 6,681 iklimle ilgili afet gerçekleşmiştir ve son yirmi yılda büyük sellerin sayısı iki kattan fazla artarak 1.389'dan 3,254'e çıkmıştır (Anonim, 2020c). Ayrıca taşkın sayısı 3,254 ile dünyadaki diğer doğal afetler içinde %44 ile en yüksek orana sahiptir.

Ülkemizde de sıklıkla gerçekleşen afetlerden birisi de taşkınlardır. 1950-2019 arasındaki sel ve taşkınlara bakıldığında 440 afet sayısı ile Erzurum ilk sıradadır (Şekil 54) (Anonim 2020d). Özellikle doğudaki illerde kar erimelerinin buna sebep olduğunu söyleyebiliriz. Çalışma alanın da içinde bulunduğu Samsun ilinde bu dönemdeki taşkın sayısı 154'tür. Sadece 2019 verilerine baktığımızda ise Samsun ili 81 sel/su baskını ile ilk sırada yer alır (Şekil 55) (Anonim 2020d). Veriler doğrultusunda çalışma alanında taşkının önemli bir problem olduğunu söylemek mümkündür.

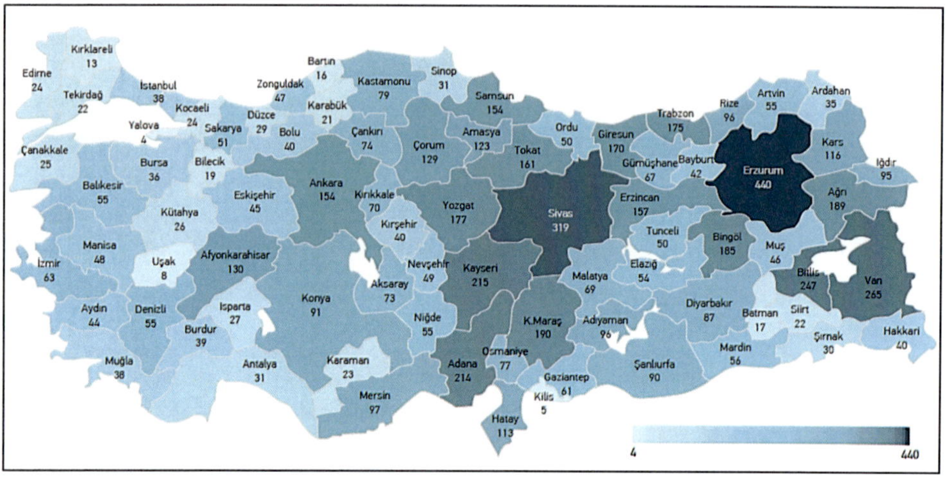

Şekil 54. 1950-2019 Türkiye'de meydana gelen sel/su baskını olaylarının il bazında sayıları (Anonim, 2020d).

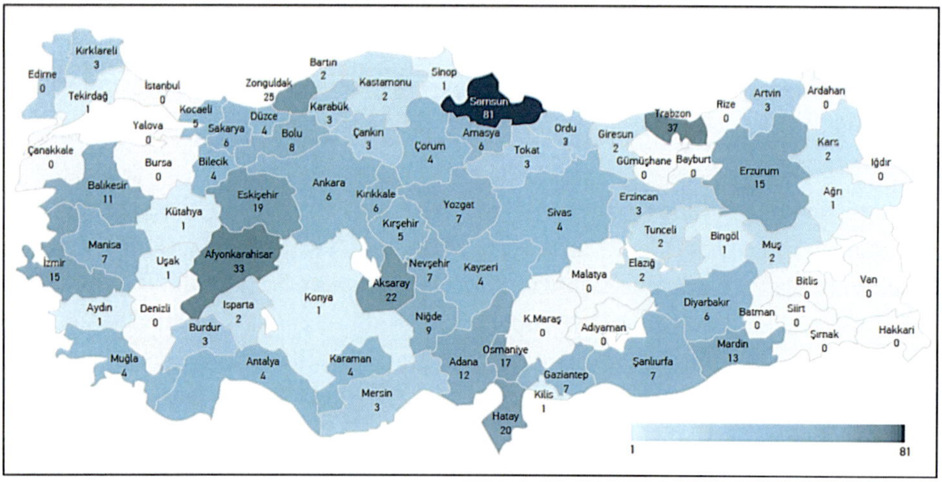

Şekil 55. 2019 yılında Türkiye'de meydana gelen sel/su baskını olaylarının il bazında sayıları (Anonim, 2020d)

4.2.1. Taşkına Neden Olan Faktörler

Alçak yataklarda ve ovalık bölgelerde görülen sel/taşkın, başta yağış şekli ve şiddeti olmak üzere, topografya, ana kaya, toprak, bitki örtüsü ve beşeri faaliyetler ile ilişkilidir (Uzun, 1995:249). Bu nedenle çalışma alanının taşkın riski oluşturulurken sahanın bütün özellikleri ayrı ayrı ele alınarak risk analizi yapılmıştır. Çalışma alanı için taşkında etkili olan parametreler yağış, eğim, akarsuya yakınlık, arazi kullanımı, bitki örtüsü kapalılık, jeoloji ve toprak olarak değerlendirilmiştir. Parametrelerin sınıf aralıkları yöntemler kısmında verilmiştir.

Taşkında etkili olan parametrelerden biri akarsuya yakınlıktır. Akarsuya yakın yerlerde taşkın riski daha fazladır. Predick ve Turner'a (2007) göre, drenajdan uzak alanlar genellikle daha düşük taşkın riski ile karşı karşıyadır. Aynı zamanda akarsuya yakın yerler de sık sık taşkın olasılığının fazla olduğu yerlerdir (Pham ve ark., 2020). Oğuz ve ark. (2016) yapmış oldukları çalışmada akarsuya olan 0 –250 m uzaklık çok riskli olarak, 1500 m'den büyük uzaklıklar ise az riskli olarak değerlendirmişlerdir. Das (2020) çalışma alanının 500 metre aralıklarla beş ayrı sınıfa ayırmış ve akarsudan uzaklaştıkça düşük risk sınıfı olarak belirlemiştir. Çalışma alanında akarsuya yakınlık sınıfları yöntemler kısmında verilmiştir. Bu sınıf aralıklarına göre çalışma alanına dağılım haritası üretilmiştir. Buna göre 348 km^2'lik alan 1. sınıf ile taşkın riskinin en az olduğu alandır. Akarsuya yaklaştıkça riskinin arttığı sınıf aralığı verilmiştir (Şekil 56). 161 km^2 ile 4. sınıf olan yüksek riski alanı oluşturmaktadır. Bu alan çalışma alanının %19,7'sini oluşturmaktadır (Tablo 31).

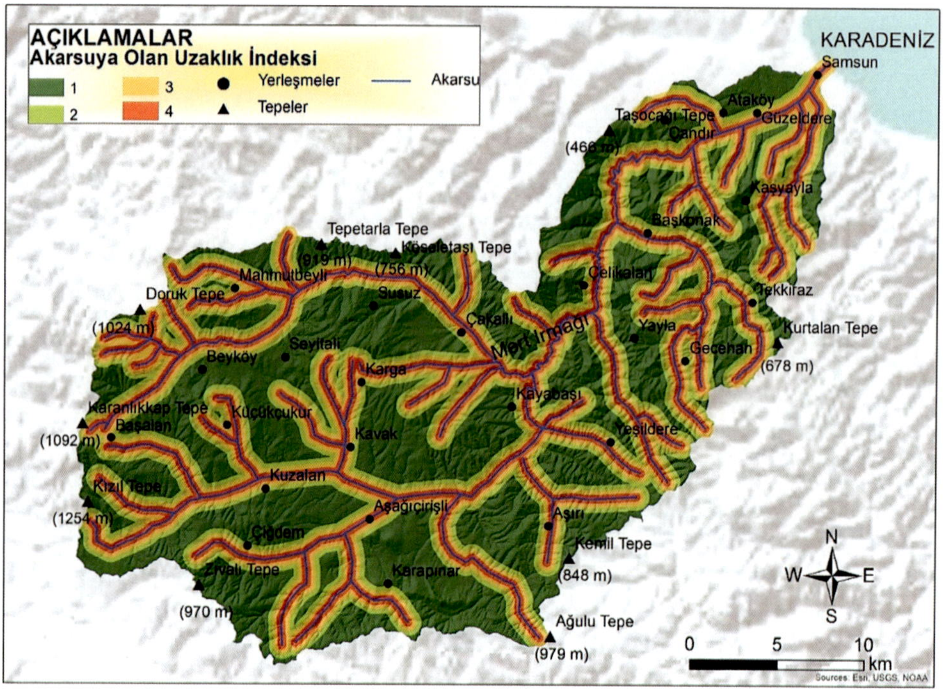

Şekil 56. Çalışma alanının akarsuya uzaklık haritası.

Tablo 31. Taşkında etkili olan parametrelerin indekslerinin alansal ve oransal dağılımı.

Akarsuya uzaklık	Alan		Eğim	Alan		Yağış	Alan		Toprak	Alan	
	km²	%		km²	%		km²	%		km²	%
1	348	42,6	1	672	82,3	1	672	82,3	1	518	63,4
2	140	17,1	2	99	12,1	2	99	12,1	2	135	16,5
3	168	20,6	3	40	4,9	3	40	4,9	3	137	16,8
4	161	19,7	4	6	0,7	4	6	0,7	4	27	3,3
Toplam	817	100,0	Toplam	817	100,0	Toplam	817	100,0	Toplam	817	100,0

Arazi kullanımı	Alan		Bitki örtüsü kapalılık	Alan		Ana Materyal/Jeoloji	Alan	
	km²	%		km²	%		km²	%
1	352	43,1	1	433	53,0	1	11	1,3
2	27	3,3	2	27	3,3	2	631	77,2
3	422	51,7	3	357	43,7	3	13	1,6
4	16	2,0				4	162	19,8
Toplam	817	100,0	Toplam	817	100,0	Toplam	817	100,0

Düşük rakımlı düz alanlar, daha dik bir eğime sahip yüksek rakımdaki alanlardan daha fazla taşkın riskine sahiptir (Kazakis ve ark., 2015). Seejata ve ark. (2018) çalışmalarında eğim parametresini kullanmışlar ve düşük eğime sahip düz alanların taşkın oluşumuna daha meyilli olduğunu belirtmişlerdir. Çalışma alanında taşkın riski doğrultusunda eğim sınıflandırması yapılmıştır (Şekil 57). Çalışma alanının büyük bir kısmı 1. sınıf içerisinde ve taşkın bakımında düşük riskli sınıftadır. Akarsuyun ağız kısmında eğim değerleri düşüktür ve 4. sınıftadır (Şekil 57). 4. sınıf arazisi 6 km^2 ile çalışma alanının %0,7'sini oluşturmaktadır (Tablo 31). Güneybatıda Kavak ilçe merkezi çevresinde eğim değerleri düşüktür ve 3. sınıftadır ve çalışma alanında 40 km^2'lik alan kaplamaktadır (Tablo 31).

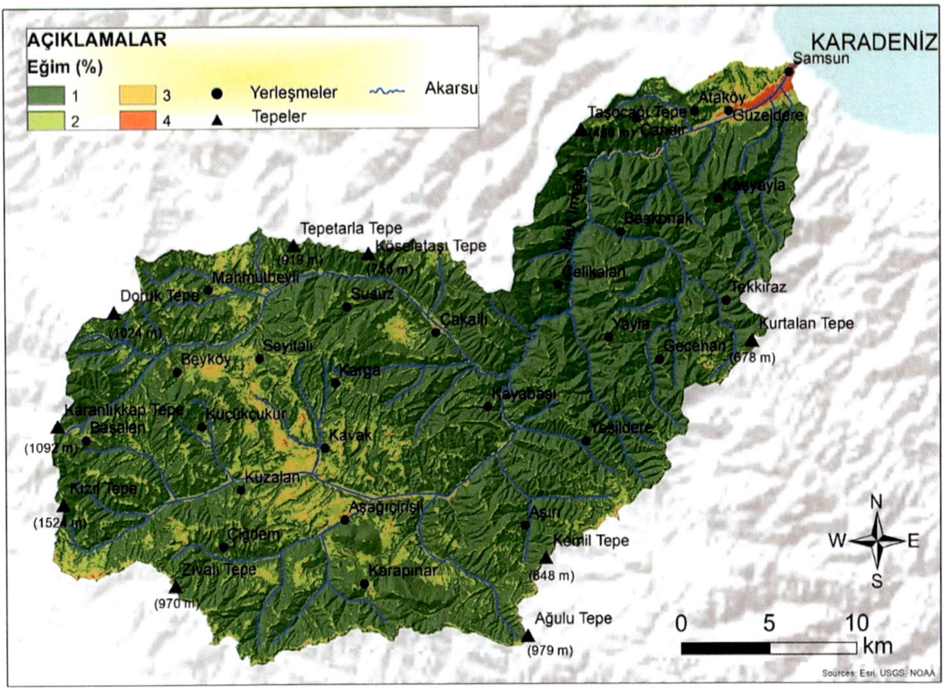

Şekil 57. Taşkın riski için hazırlanmış eğim parametresinin indeks sınıf dağılım haritası

Taşkın riskinde etkili olan bir diğer parametre ise yağıştır. Yağışın miktarı, şekli ve şiddeti etkilidir. Pek çok çalışmada yağışın miktarını doğrudan taşkın üzerinde etkili olduğunu belirtmişlerdir (Zhang ve Smith, 2003; Turoğlu ve Özdemir, 2005; Özdemir ve ark. 2011; Das, 2020). Çalışma alanının yağış miktarında göre sınıflandırma haritasına göre akarsuyun ağız kısımlarında taşkın etkilidir (Şekil 58). Riskli sınıf içerinde olan 4. sınıf 12 km^2 ile çalışma alanının

% 1,5'ini oluşturmaktadır (Tablo 31). En fazla yayılış gösteren sınıf ise 2. sınıftır. Çalışma alanında 525 km²'lik alan kaplamaktadır. Bu sınıf çalışma alanının orta kesiminde yaygındır.

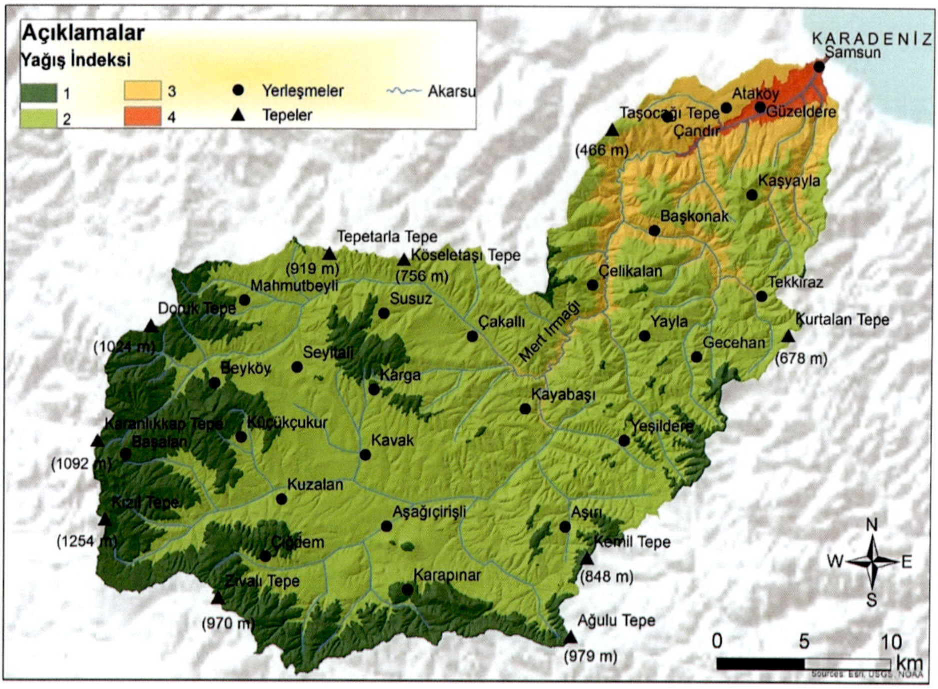

Şekil 58. Taşkın riski için hazırlanmış yağış parametresinin indeks sınıf dağılım haritası

Çalışma alanında büyük toprak grupları belirlenmiş ve taşkın riski açısından değerlendirilmiştir. Oğuz ve ark. (2016) çalışmalarında taşkın riskinde etkili olan parametrelerden biri olarak da büyük toprak gruplarını ele almışlardır ve toprak tiplerini taşkında etkili olma durumuna göre sınıflandırmışlardır. Çalışma alanında Mert Irmağı'nın ağız kısmı en fazla riskli alandadır (Şekil 59). 4. sınıf içerisindeki bu alan toplam 27 km²'lik alan ile %3,3'lük bir kısmı kaplamaktadır (Tablo 31).

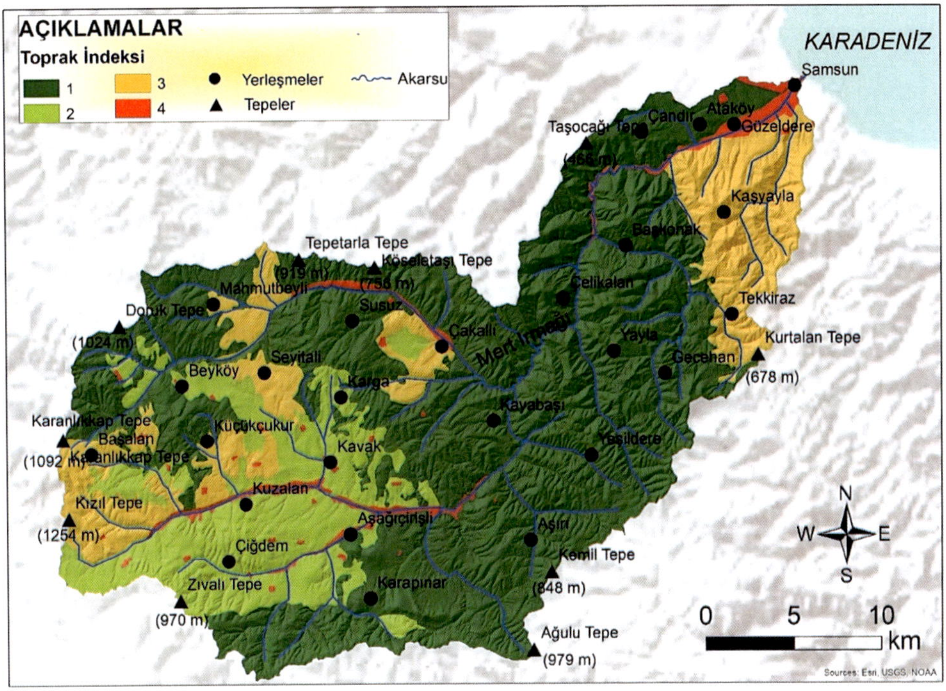

Şekil 59. Taşkın riski için hazırlanmış toprak parametresinin indeks sınıf dağılım haritası

Bir alanın arazi kullanım tipi; yüzey akışını, infiltrasyon hızını ve evapotranspirasyonu kontrol ederek hidrolojik süreçlerde oldukça önemlidir (Yalçın ve ark. 2011). Bunun sonucu olarak taşkın çalışmalarında en önemli parametrelerden biridir (Komolafe ve ark., 2018). Das (2020) taşkın duyarlılık indeksinin hesaplarken arazi kullanım parametresini kullanmıştır. CORINE 2018'e göre çalışma alanının arazi kullanım/arazi örtüsü dağılımı haritası yapılmıştır. Şekil 59'daki harita taşkın riskine göre sınıflandırılmıştır. Yerleşmelerde hem taşkın riski hem de taşkından sosyo-ekonomik olarak etkilenme daha fazladır. Çalışma alanında yerleşmeler ve tarım alanlarında taşkın riski yüksektir (Şekil 60). 4. sınıf olan yüksek riskli alanlar 16 km^2 ile çalışma alanının %2'sini oluşturmaktadır (Tablo 31). Özellikle orman alanlarının bulunduğu yerlerde taşkın riski daha düşüktür. 352 km^2 ile çalışma alanında %43,1'lik alan kaplamaktadır (Tablo 31).

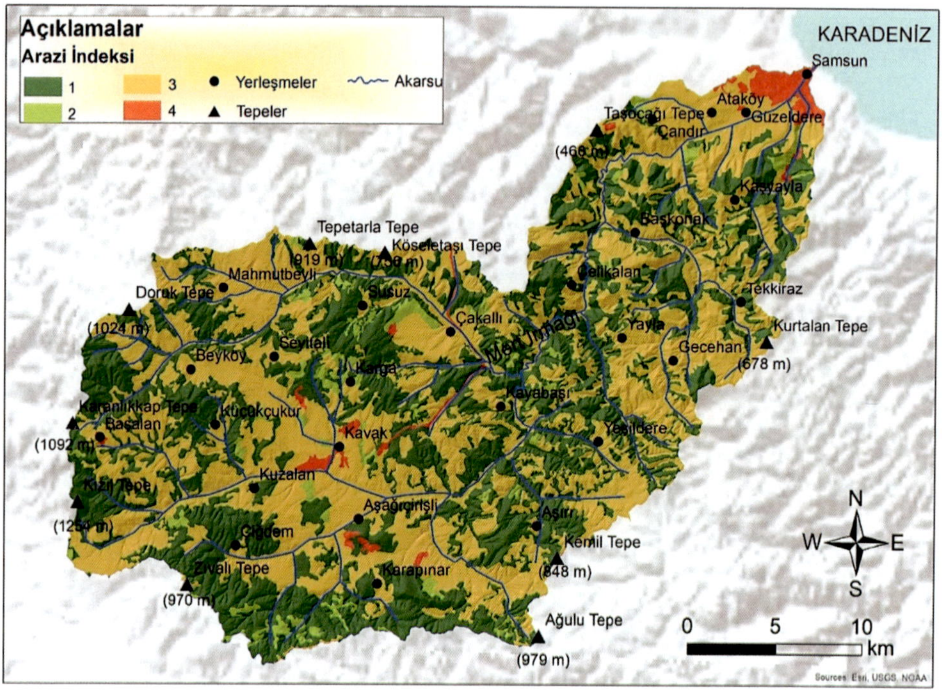

Şekil 60. Taşkın riski için hazırlanmış arazi kullanım parametresinin indeks sınıf dağılım haritası

Bitki örtüsünden yoksun ve eğim değerlerinin yüksek olduğu arazilerde yağmur suları direkt akışa geçerken, bitki örtüsünün yoğun olduğu alanlarda akış daha azdır (Schultz ve Engman, 2000; Özdemir, 2007b). Bu nedenle bitki örtüsü de taşkın riski için oldukça önemlidir. Çalışma alanında bitki örtüsü risk dağılımı ve sınıfı erozyon riski ile aynıdır ve erozyon riski kısmında verilmiştir. Bu nedenle tekrar burada harita eklenmemiştir. Alanda 357 km^2 zayıf bitki örtüsü kapalılığına sahip ve 3. sınıf taşkın riskindedir (Şekil 49). Ayrıca yoğun ormanlık alanlar ise iyi sınıf içerisindedir ve taşkın riski bakımından düşük sınıftadır. Çalışma alanının Karadeniz Bölgesi'nde yer alması ve ormanlık alanların geniş yayılış göstermesi bitki örtüsü bakımından taşkın riskinin orta düzeyde olduğu alanının %53,0'lık alanının kaplamaktadır ve 1. sınıf içerisinde dahil edilmiştir.

Jeolojik özellikler taşkını etkilemektedir. Geçirimsiz kayaçlar yüzey akış miktarını arttırırken geçirimli kayaçlarda ise bu oran düşmektedir. Geçirimli bir kayaç olan karstik bir yapı ani taşkın oluşumunu engellerken, düşük geçirgenliğe filiş veya sedimenter kayalar taşkın duyarlılığını arttırmaktadır (Bonacci ve ark., 2006; Kourgialas ve Karatzas, 2015). Tokgözlü ve Özkan (2018) yapmış oldukları çalışmada taşkına etki eden parametreler arasında jeolojiyi kullanmışlardır. Yine

Selçuk ve ark. (2016) çalışmalarında jeolojik özellikleri az, orta ve yüksek infiltrasyon olarak sınıflandırmışlardır. Çalışma alanının litolojik özellikleri de taşkın riskine göre sınıflandırılmıştır (Şekil 61). Buna göre en geniş yayılış 2. sınıf arazileridir. Bu alanlar ayrılmamış Kuvaterner, karbonatlılar ve kırıntılılardır. Çalışma alanında 631 km²'lik alan kaplamaktadır. Taşkın riskinin en fazla olduğu 4. sınıf arazisi 162 km² ile çalışma alanının %19,8'ini oluşturmaktadır (Tablo 31).

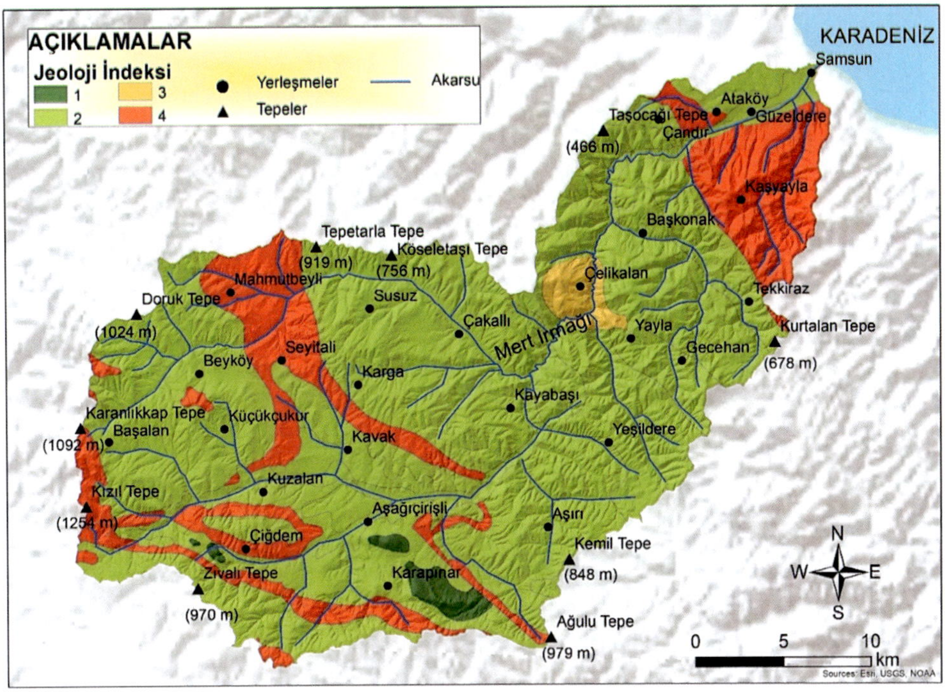

Şekil 61. Taşkın riski için hazırlanmış jeoloji parametresinin indeks sınıf dağılım haritası

4.2.2. Taşkın Riski

Çalışma alanında taşkın risk değerlendirmesi yapılabilmesi için ağırlıkları verilen parametreler kendi içerisinde ikili karşılaştırmalar matrisi yapılmıştır (Tablo 32).

Tablo 32. Taşkın riski için kullanılan parametrelerin ikili karşılaştırmalar matrisi

İkili Karşılaştırmalar Matrisi							
	Yağış	Eğim	Arazi Kullanımı	Bitki örtüsü kapalılık	Jeoloji	Toprak	Akarsuya uzaklık
Yağış	1	2	2	3	3	3	3
Eğim	1/2	1	2	2	3	5	5
Arazi Kullanımı	1/2	1/2	1	2	3	3	3
Bitki örtüsü kapalılık	1/3	1/2	1/2	1	3	3	3
Jeoloji	1/3	1/3	1/3	1/3	1	1/3	1/3
Toprak	1/3	1/5	1/3	1/3	3	1	5
Akarsuya uzaklık	1/3	1/5	1/3	1/3	3	1/5	1

Parametrelerin normalize edilmiş hesaplamaları ve öncelik vektörü Tablo 33'de verilmiştir. Buna göre yağış parametresi en yüksek ağırlığa sahiptir (0,306). Bunu eğim (0,261) ve arazi kullanımı kriterleri (0,184) izlemektedir. Yağış taşkın için en önemli parametredir. Elde edilen sonuçtan tutarlılık oranı 0,10 ile tutarlı bulunmuştur. Çalışma alanında taşkın riski yüksek olan yerler eğimin az olmasına bağlı olarak havza tabanında düz olan alanlardır. Özellikle yerleşim yerleri taşkının boyutunu daha çok arttırmaktadır.

Tablo 33. Taşkın riskinde kullanılan parametrelerin ağırlık değerleri

Öncelik Vektör			
	Normalize Edilmiş Satırlar Toplamı	Normalize Edilmiş Satırlar Ortalaması	Öncelik Vektörü
Yağış	1,833	1,833/6	0,306
Eğim	1,568	1,568/6	0,261
Arazi Kullanımı	1,101	1,101/6	0,184
Bitki örtüsü kapalılık	0,863	0,863/6	0,144
Jeoloji	0,346	0,346/6	0,058
Toprak	0,650	0,650/6	0,108

ArcGIS'de Spatial Analyst aracı kullanarak yapılan çakıştırma işlemi ile taşkın risk haritası elde edilmiştir (Şekil 62). Elde edilen taşkın risk dağılım haritasına göre çalışma alanının 54 km^2'lik bölümü yüksek risktedir (Tablo 34). Mert Irmağı'nın denize döküldüğü, eğimin azaldığı ağız kısımda ve Kavak ilçe merkezi çevresinde yüksek riskli alanlar görülmektedir. Düşük riskli alanlar 290 km^2 ile çalışma alanının %35,5'ini oluşturmaktadır.

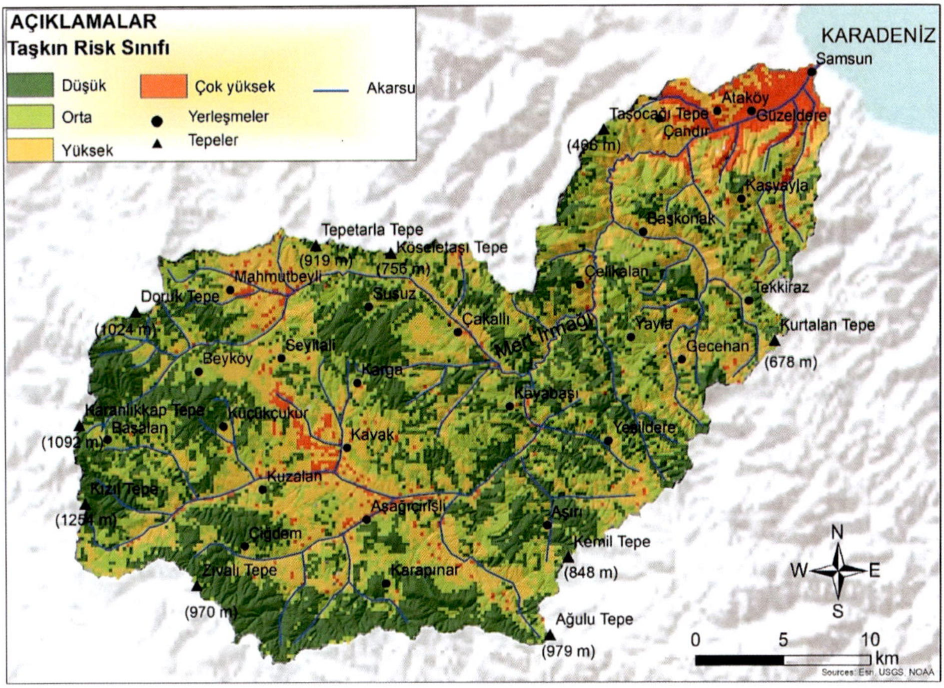

Şekil 62. Çalışma alanının taşkın risk haritası.

Tablo 34. Çalışma alanının taşkın riskinin alansal ve oransal dağılımı.

	Tanımlama	Alan (km²)	Oran (%)
1	Düşük	290	35,5
2	Orta	243	29,7
3	Yüksek	230	28,2
4	Çok yüksek	54	6,6
Toplam		817	100,0

Çalışma alanındaki yüksek riskli alanlar özellikle yerleşim alanlarındadır (Şekil 63). Mert Irmağı'nda 2012 yılında meydana gelen taşkında ölümlerin de yaşandığı toplu konutların bulunduğu alanlar AHS yöntemi ile de yapılan taşkın risk haritasında yüksek riskli alanları oluşturmaktadır. Her geçen gün yerleşmelerin arttığı bu alanlarda gerekli planlama çalışmalarının yapılarak önlemlerin alınması gerekmektedir.

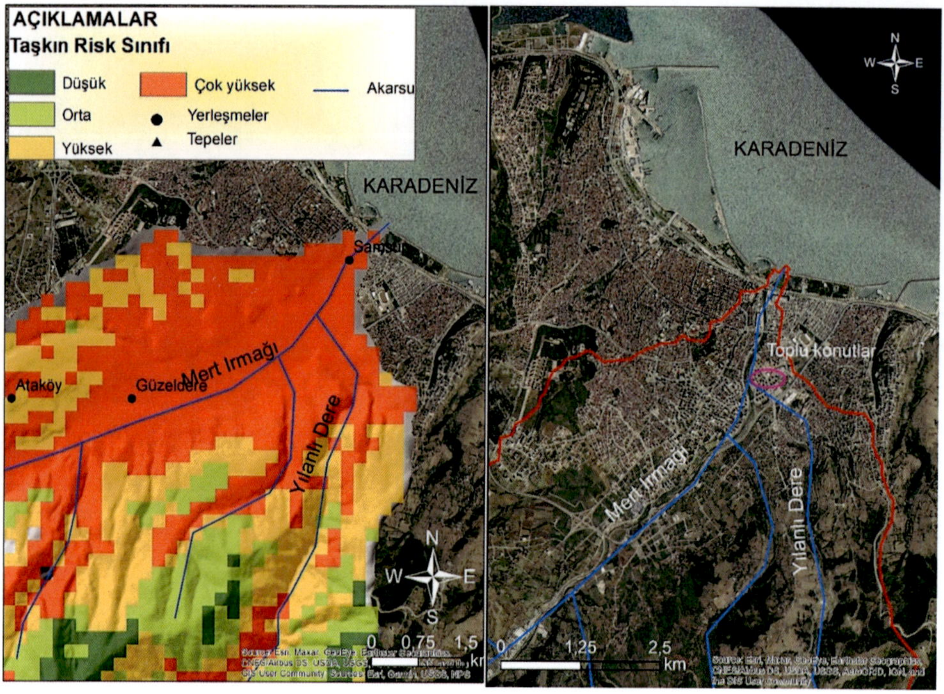

Şekil 63. Taşkın risk haritasında riskli alanların yerleşmelere karşılık gelmesi ve 2012 taşkınının etkilendiği konutların haritası.

4.2.3. Çalışma Alanında Gerçekleşen Taşkınlar

Çalışma alanı ve çevresi geçmişten günümüze pek çok taşkına sahne olmuştur. Bu kısımda geçmişte yaşanmış taşkın haberleri ve sahadaki konu ile ilgili çalışmalara yer verilmiştir.

08-09 Kasım 1967'de Mert Irmağı, ve yan derelerinde (Mezarlık Deresi, Doymaz Deresi, Ağabeli Deresi) taşkın meydana gelmiştir. Mert Irmağı üzerinde taşkına ait debi yaklaşık 730 m3/sn bulmuş ve bu taşkın debisinin 50 yıllık tekerrüre tekabül ettiği görülmüştür (Ülke ve ark., 2013). 10.11.1967 gazete haberlerinde Samsun'daki bu selin tarım alanları üzerinde ciddi bir etkisinin olduğundan bahsedilmiştir (Anonim, 2019c).

Bir başka taşkın ise, 11.09.2002 tarihinde Yılanlıdere'nin taşması sonucu Samsun merkez ilçesi olan Canik'te meydana gelmiştir. Bu selde can kaybı olmamış ancak maddi kayıplar olmuştur (Bahadır, 2014).

3-4 Temmuz 2012'de Samsun merkezde Mert Irmağı'nın kolu olan Yılanlı Dere'nin taşması sonucu taşkın meydana gelmiştir (Şekil 63). 12 kişi yaşamını yitirmiştir. Mert Irmağı'nın kenarına yapılan konutlarında gerçekleşmiştir (Şekil

64, Şekil 65). Son zamanlarda yerleşmenin hızla artması, dere yataklarının da yerleşmeye açılmış olması taşkının boyutunu daha da büyütmüştür. 6 Ağustos 2012 taşkınında ise 1 kişi ağır yaralanmıştır. 4 Temmuz 2012 tarihinde m^2'ye 68.4 mm, 6 Ağustos 2012 tarihinde ise 127 mm yağış düşmüştür ve taşkınlar sonucunda 1111 konut, 1507 işyeri, 327 depo, 36 kamu binası, 23 ahır ve samanlık zarar görmüştür (Bahadır, 2014). Bu selde Mert Irmağı'nda yer alan AGİ'de okunan debi 570 m3/s iken DSİ VII. Bölge Müdürlüğü tarafından yapılan çalışmada Yılanlıdere kolunda 710 m3/s'li bir debi oluşturduğu belirtilmiştir (Uslu ve ark., 2018; Anonim, 2019d).

Şekil 64. 2012 taşkınından etkilenen konutlar (Anonim, 2019d).

Şekil 65. 2012 taşkınından etkilenen yerleşmeler (Anonim, 2019d).

2013 yılında DSİ tarafından hazırlanan "Taşkın Tehlike Alanlarının Belirlenmesi" planlama raporlarından alındığı belirtilen "Yeşilırmak Havzası Taşkın Yönetim Planı" raporuna göre Samsun Mert Irmağı Q100, Q500 ve Q1000 debileri için öncelikli riskli bölgeler olarak belirlenmiştir (Orman ve Su İşleri Bakanlığı, 2019). Yine bu rapora göre taşkın etki şiddeti ve tekerrürüne göre Yeşilırmak Havzası'nda incelenen 20 nehrin önem sırasına göre Samsun Mert Irmağı Q50 debisinde 16. Sırada Q100 debisinde göre 3. sırada, Q500 debisinde göre 5. sırada, Q1000 debisinde göre 8. sırada yer almaktadır. Ayrıca Mert Irmağı'nda şiddetli taşkınların ve çok yüksek hasarların yaşandığı belirtilmekte ve yıllık 12 milyon ₺'lik hasar beklentisi öngörülmektedir.

Gerek ülkemizde gerekse çalışma alanında akarsu vadilerinin yerleşmeye açılmaması için gerekli yasal düzenlemelerin olması gerekmektedir. Akarsu kıyılarında da belirli alanlar içerisinde yerleşmeye açılmaması, yeşil alan halinde korunması gerekmektedir. Akarsu yakınındaki binaların bodrum katına iskan izninin verilmemesi gerekmektedir. Akarsuyla üzerine yapılan köprüleri, inşaatların akarsu akım değerlerine uygun şekilde yapılmalıdır. Akarsular üzerinde akım ölçümleri daha fazla ve sürekli olmalıdır.

4.3. Heyelan Risk Analizi

Gerek dünyada gerekse ülkemizde heyelan önemli doğal afetlerdendir. Heyelanlar, toprak, moloz ya da kaya kütlelerinin yerçekimi etkisiyle veya insan müdahalesiyle yamaç aşağı hareketidir (Cruden, 1991). Ülkemizin jeolojik, klimatik, coğrafik özellikleri ve yanlış arazi kullanımı nedeniyle yaşanan heyelan olayları çoğu kez afete dönüşmektedir.

Dünya genelinde heyelan olayı gün geçtikçe artmaktadır. 1980-1999 yılları arasında 276 olan heyelan sayısı 2000-2019 yılları arasında ise 376'ya çıkmıştır ve toplam afetin %5'ini oluşturmaktadır (Anonim, 2020c).

Ülkemizdeki durum ise AFAD'ın 1950-2019 yılları arasındaki yapmış oldukları istatistiklere göre Türkiye'de en fazla heyelan olayı 1673 sayısı ile Trabzon'dadır (Anonim, 2020d) (Şekil 66). Samsun'da ise 331 heyelan olayı olmaktadır (Şekil 66). Yine AFAD'ın istatistiklerine göre sadece 2019 yılındaki heyelan sayısı Samsun'da 2'dir (Şekil 67). Veriler doğrultusunda Samsun'da diğer Karadeniz kıyı illerinde olduğu gibi heyelan riski ile karşı karşıyadır. Bu nedenle risk haritalarının oluşturulması ve ona göre planlamaların yapılması oldukça önemlidir.

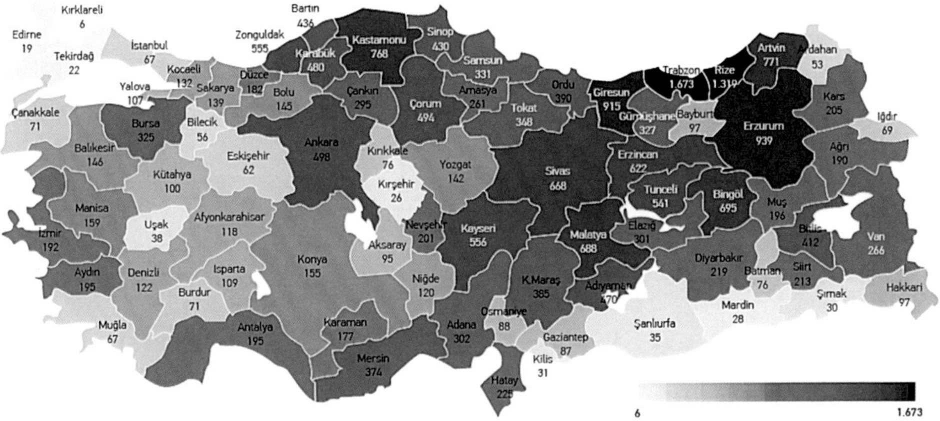

Şekil 66. 1950-2019 yılları arasında Türkiye'de meydana gelen heyelan sayısı (Anonim, 2020d).

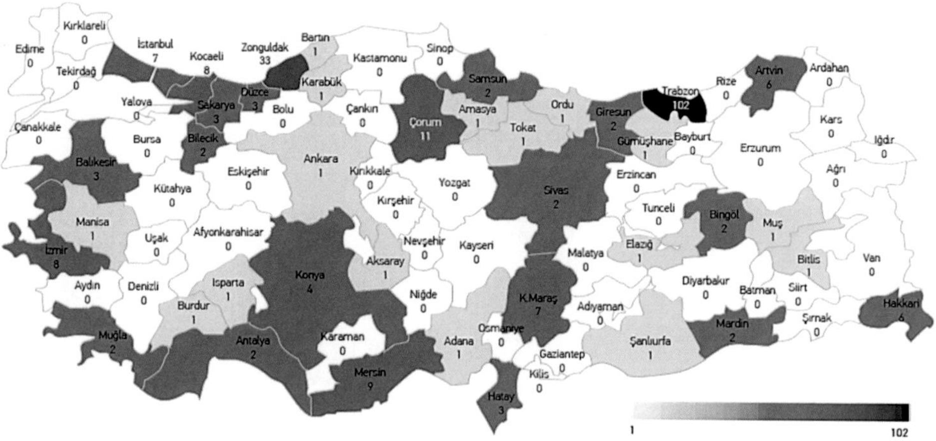

Şekil 67. 2019 yılında Türkiye'de meydana gelen heyelan sayısı (Anonim, 2020d).

4.3.1. Heyelana Neden Olan Faktörler

Heyelan risk analizi için jeoloji, toprak, yağış, eğim, bakı, akarsuya uzaklık, yola uzaklık, bitki örtüsü kapalılık, arazi kullanımı ve yükseklik olmak üzere toplam 10 parametre değerlendirilmiştir. Kullanılan parametrelerin değerlendirmedeki sınıflandırması yöntemler kısmında verilmiştir.

Heyelanda etkili olan parametrelerden birisi jeolojidir. Kayaçların yapısal özellikleri bir alanda zemin hareketlerini kolaylaştıran koşullar arasındadır (Erinç, 2012). Jeolojik özellikler sahanın heyelan duyarlılığı bakımından oldukça önemlidir. Litolojik birimler farklı duyarlılık değerlerine sahip oldukları için heyelan risk çalışmalarında önemli rol oynamaktadır (Pachauri ve ark., 1998; Luzi ve Pergalani, 1999; Dai ve ark., 2001; Çevik ve Topal, 2003). Çan vd., (2013) tarafından Türkiye'de kayaç ve istif içeriğinin heyelan oluşumuna karşı gösterdiği tepkiye göre oluşturulan kriterler dikkate alınarak belirlenmiştir. Buna göre heyelan oluşumuna en fazla duyarlı litoloji grupları ayrılmamış karasal kırıntılılar, karasal kırıntılılar, karasal kireçtaşı ve kırıntılılar ve karbonatlardır. Yalçın (2008) çalışmasında sahanın heyelan duyarlılığı için hem litolojik hem de ayrışma özelliklerini incelemiştir. Çalışma alanının jeolojik özelliklerin sınıflandırılmasından elde edilen dağılım haritasında 4. sınıf heyelan oluşma riski fazla olan arazi geniş yayılış göstermektedir (Şekil 68). 510 km^2 ile çalışma alanının %62,4'ünü oluşturmaktadır (Tablo 35). Bu alanlar jeolojik olarak karbonatlılar ve kırıntılılara denk gelmektedir.

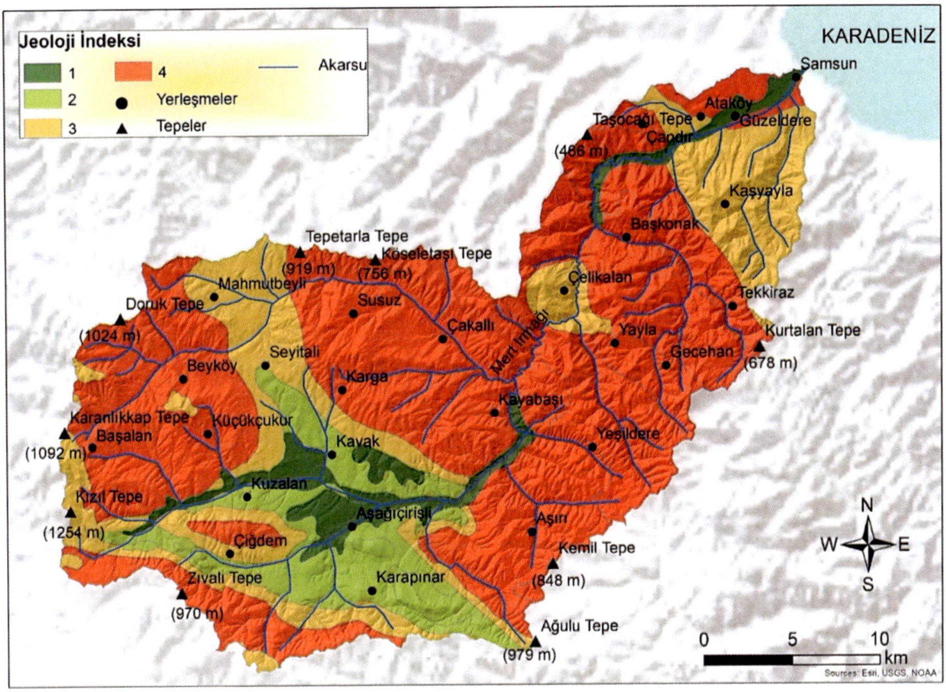

Şekil 68. Heyelan riski için hazırlanmış jeoloji parametresinin indeks sınıf dağılım haritası

Tablo 35. Heyelanda etkili olan parametrelerin indekslerinin alansal ve oransal dağılımı.

Jeoloji	Alan		Toprak	Alan		Eğim	Alan		Bakı	Alan		Yağış	Alan	
	km²	%		km²	%		km²	%		km²	%		km²	%
1	49	6.0	1	532	65.1	1	399	48.8	1	304	37.2	1	189	23.1
2	83	10.2	2	148	18.1	2	127	15.5	2	197	24.1	2	525	64.3
3	175	21.4	3	137	16.8	3	141	17.3	4	316	38.7	3	12	1.5
4	510	62.4				4	150	18.4				4	91	11.1
Toplam	817	100.0	Toplam	817	100.0	Toplam	817	100.0	Toplam	817	100.0	Toplam	817	100.0

Arazi kullanımı	Alan		Bitki Örtüsü	Alan		Yüksekl ik	Alan		Akarsuya yakınlık	Alan		Yola yakınlık	Alan	
	km²	%		km²	%		km²	%		km²	%		km²	%
1	352	43.1	1	433	53,0	1	268	32,8	1	348	42,6	1	152	18,6
2	15	1.8	2	27	3,3	2	294	36,0	2	140	17,1	2	145	17,7
3	423	51.8	3	357	43,7	3	193	23,6	3	168	20,6	3	224	27,4
4	27	3.3				4	62	7,6	4	161	19,7	4	296	36,2
Toplam	817	100.0	Toplam	817	100.0	Toplam	817	100.0	Toplam	817	100.0	Toplam	817	100.0

Bir alanın toprak özellikleri de heyelan üzerinde etkilidir. Alüvyal topraklar kumlu ve çakıllı olduklarından sızma kapasitesi fazla ve heyelan duyarlılıkları çok düşüktür (Efe, 2010). Vertisöller ise zengin kil içeriğine sahip oldukları için sızma kapasitesi düşüktür ve heyelan duyarlılıkları çok yüksektir (Efe, 2010). Çalışma alanının toprak tipleri dağılım haritasından tekrar sınıflandırılan toprak indeks haritasında 1. sınıf çok geniş alan kaplamaktadır (Şekil 69). Çalışma alanının 532 km²'si ile % 65,1'ini oluşturmaktadır. Pektezel (2015) yapmış olduğu heyelan çalışmasında klasik sisteme göre sahadaki toprakları sınıflandırmış ve alüvyal toprakları heyelan bakımından en düşük sınıfta atarken; vertisöl topraklarını ise en riskli grup içerisine dahil etmiştir.

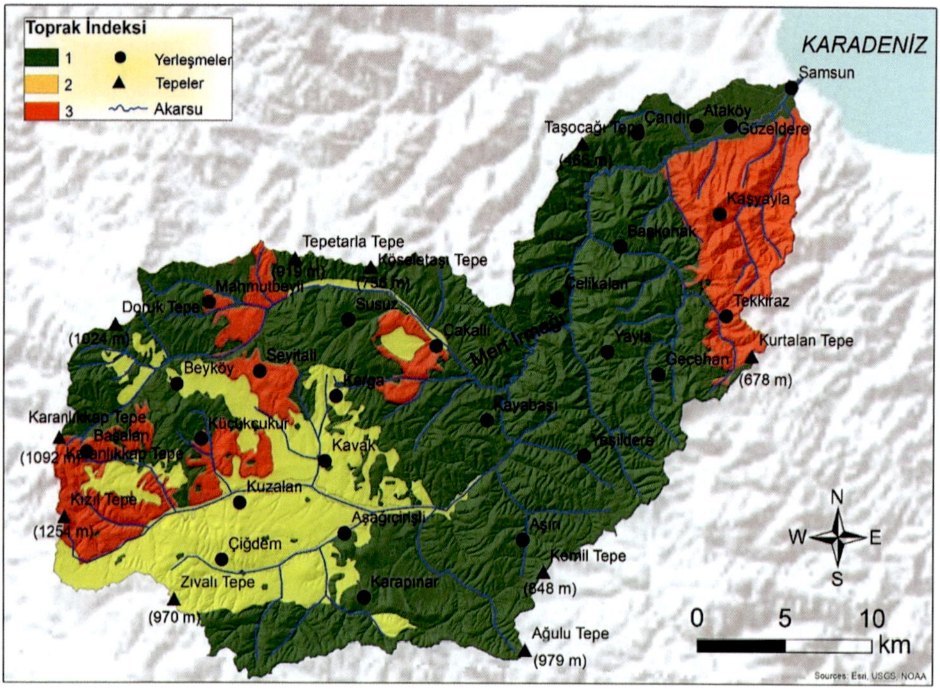

Şekil 69. Heyelan riski için hazırlanmış toprak parametresinin indeks sınıf dağılım haritası

Heyelanları denetleyen bir diğer parametre de eğimdir. Eğim direk olarak heyelanla ilgilidir ve heyelan duyarlılık parametresi olarak kullanılır (Clerici ve ark., 2002; Ercanoğlu ve ark, 2004; Lee, 2005; Pourghasemi ve ark., 2012; Zhu ve ark., 2014; Meinhardt ve ark., 2015; Yan ve ark., 2019). Eğim yönü ile heyelan arasındaki korelasyon farklı çalışmalarda bulunmuştur (Akgun ve ark., 2012; Colkesen ve ark., 2016). Ali ve ark. (2021) çalışmalarında yapmış oldukları heyelan duyarlılık haritasında eğim parametresini o alan için en yüksek ağırlık değerinde bulmuşlardır. Çalışma alanında eğim sınıfı dağılım haritasında kıyıdaki alan ile güneybatıda Kavak ilçe merkezi çevresi 1. sınıf alan içindedir (Şekil 70). 1. sınıf alan 399 km² ile alanın %48,8'ini kaplamaktadır (Tablo 35). Heyelan bakımından riskin en düşük olduğu alanlardır. 4. Sınıf olarak belirlenen risk bakımından en riskli sınıf içe çalışma alanında 150 km²'lik alan oluşturmaktadır.

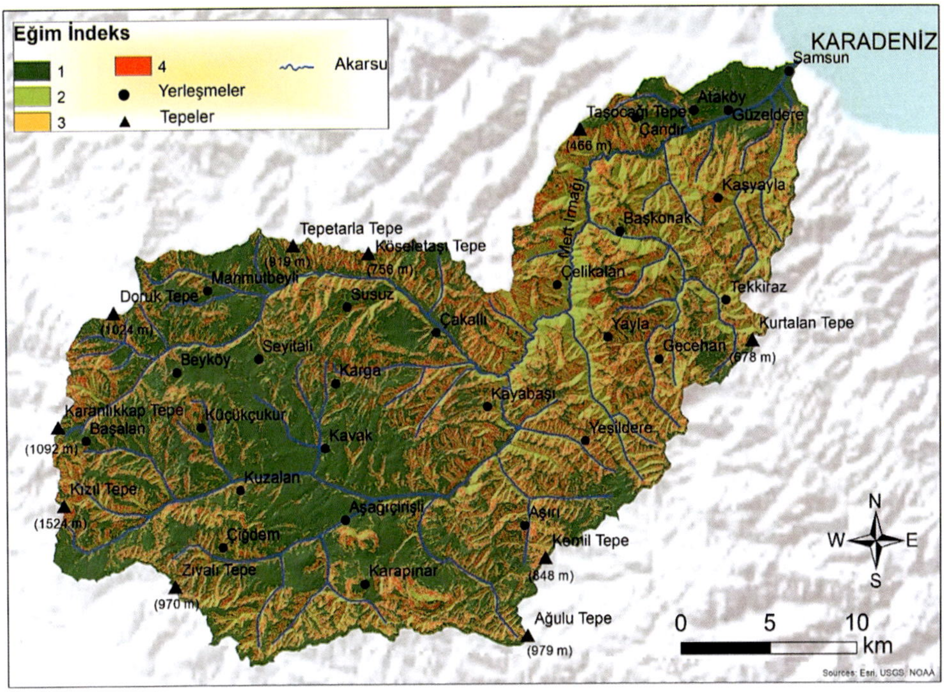

Şekil 70. Heyelan riski için hazırlanmış eğim parametresinin indeks sınıf dağılım haritası

Bakının yönü heyelanı hızlandırıcı bir etkiye sahiptir (Shahabi ve ark., 2014). Bakı güneşlenme, hava durumu (yağış, güneşlenme, kar erimesi), arazi örtüsü (orman, mera, çalılık, tarım arazisi) ve toprak koşulları (sızma kapasitesi) gibi faktörlerle ilişkilidir (Zhang ve ark., 2016). Bu nedenle bakı heyelan risk haritalarının hazırlanmasında kullanılan parametreler arasındadır (Komac, 2006; Yalçın, 2008; Vahidnia ve ark., 2010; Song ve ark., 2012; Poiraud, 2014; Zhang ve ark., 2016; Yan ve ark., 2019). Çalışma alanında en fazla yayılış gösteren alan 4. sınıftır (Şekil 71). Bu araziler 316 km²'lik alan ile alanın %38,7'sini oluşturmaktadır (Tablo 35).

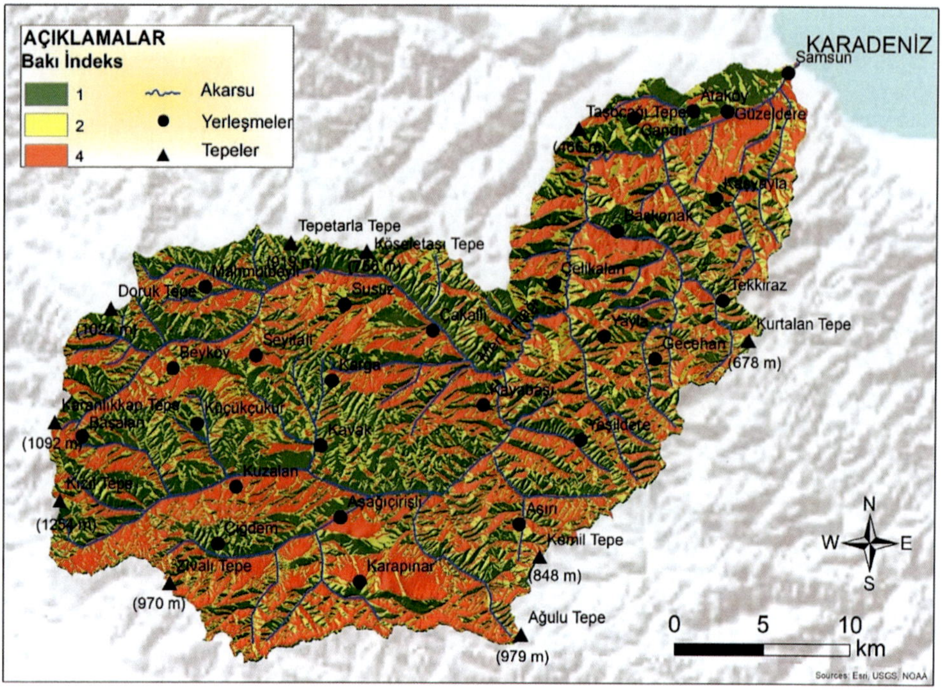

Şekil 71. Heyelan riski için hazırlanmış bakı parametresinin indeks sınıf dağılım haritası

Yağışın mekânsal ve zamansal dağılımı topraktaki su içeriğini kontrol etmek ve heyelanı tetikleyen parametre olması açısından önemlidir (Caine, 1980; Aleotti, 2004; Guzzetti ve ark., 2008; Duc, 2012). Yıllık ortalama yağış miktarı heyelan için önemli bir parametre olarak kabul edilmektedir (Nagarajan ve ark., 2000; Kayastha ve ark., 2013). Demirağ Turan ve ark. (2020b) Karadeniz Bölgesi'nde yapmış oldukları heyelan çalışmasında yağışın ayrıntılı özellikleriyle değerlendirmişlerdir. Bu çalışmada yağışı 4 ana alt parametreye ve 23 de onun altında parametreye ayırarak ve diğer heyelanda etkili olan parametrelerle birlikte bir risk haritası yapmışlarıdır. Çalışma alanında ise en fazla yayılış gösteren yağış indeksi 2. sınıftır (Şekil 72). 525 km² ile alanın %64,3'ünü kaplamaktadır (Tablo 35). En fazla riskli sınıf olan 4. sınıf arazisi çalışma alanında 91 km²'lik alan kaplamaktadır. 4. sınıf arazisi çalışma alanında kıyıya yakın vadi yamaçlarında görülmektedir.

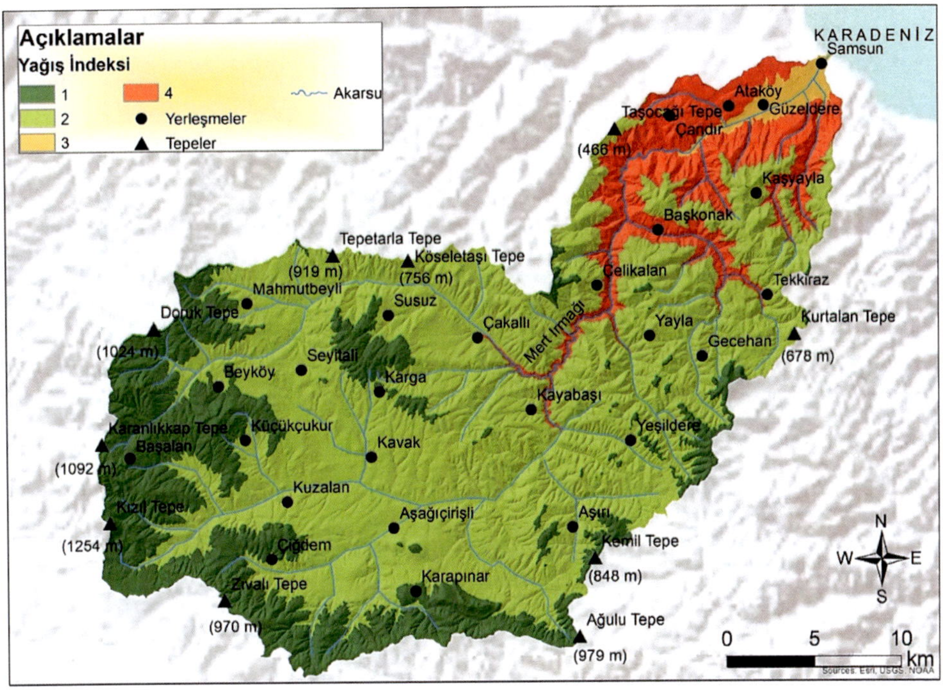

Şekil 72. Heyelan riski için hazırlanmış yağış parametresinin indeks sınıf dağılım haritası

Arazi kullanım tiplerinin heyelan üzerindeki etkileri birbirinden farklıdır. Orman alanları tarım ve yerleşim alanlarına göre heyelandan daha az etkilenmektedir (Dağ, 2007; Bahtt ve ark., 2013). Çalışma alanının arazi kullanım dağılımını yapmak için CORINE 2018 verilerinden yararlanılmıştır. CORINE 2018 arazi örtüsü/arazi kullanım verileri birçok araştırmacı tarafından heyelan çalışmalarında kullanılmaktadır (Myronidis ve ark., 2016; Di Traglia ve ark., 2018; Meneses ve ark., 2019; Kavoura ve Sabatakakis, 2020; Ali ve ark., 2021). Heyelan için sınıflandırılan arazi kullanım haritasına göre çalışma alanında 1. sınıf arazisi 352 km^2'lik alanla en geniş yayılış gösteren sınıftır (Şekil 73). Bu alanlar ormanlık alanlara karşılık gelmektedir. Risk bakımından en yüksek riskli alan ise 27 km^2 ile çalışma alanının %3,3'ünü oluşturmaktadır (Tablo 35). Çalışma alanının Karadeniz Bölgesinde yer alması heyelan açısından arazi kullanım durumunda riskli sınıfın az olduğunu söyleyebiliriz.

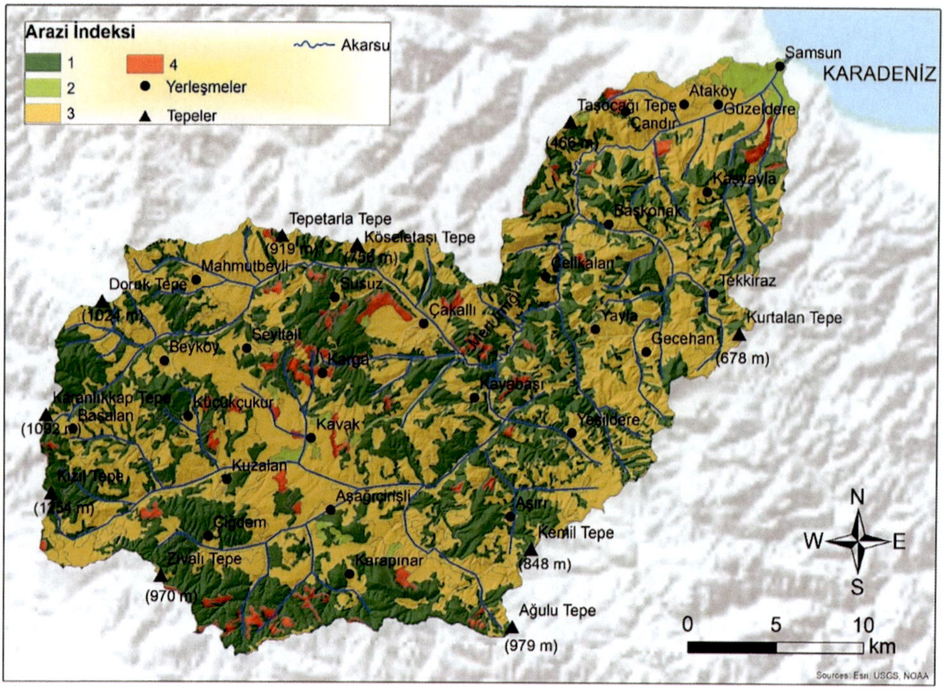

Şekil 73. Heyelan riski için hazırlanmış arazi kullanım parametresinin indeks sınıf dağılım haritası

Yükseklik de heyelan üzerinde etkili olan parametrelerdendir. Özşahin, (2015) yükseklik arttıkça nispeten heyelan duyarlılığının arttığını belirtmiştir. Ancak belirli yükseltiden sonra eğim değerlerinin dike yakın olması heyelan değil de kütle hareketlerini tetiklemektedir. Aghlmand ve ark. (2020) heyelan duyarlılık haritası hazırlarken yükselti parametresini ele almışlar ve heyelan üzerindeki etki derecesini hesaplamışlardır. Çellek ve ark. (2015) heyelan duyarlılığının değerlendirilmesinde yükseklik parametresinin de bulunduğu bakı, litoloji, arazi kullanım sınıfı, yamaç eğriselliği, eğim, anayola, akarsuya ve yapısal unsurlara yakınlık faktörleri dikkate almışlardır. AHS yöntemi kullanılarak yapılan bu çalışmada yüksekliğin de ağırlığı belirlenerek üretilen haritaya etkisi tespit edilmiştir. Çalışma alanının yükseklik indeks sınıflandırması haritasında belirli yükseltiye kadar riskin fazla olduğunu ancak belirli yükseltiden sonra ise heyelan riskinin düşük olduğunu söyleyebiliriz (Şekil 74). Çalışma alanında en riskli grupta olan 4. sınıf 62 km²'lik alan kaplamaktadır (Tablo 35). Çalışma alanındaki çevredeki tepelik alanlar 1. sınıf arazisi içerisindedir (Şekil 74). Bu sınıfta 268 km² alanlar %32,8'ini kaplamaktadır.

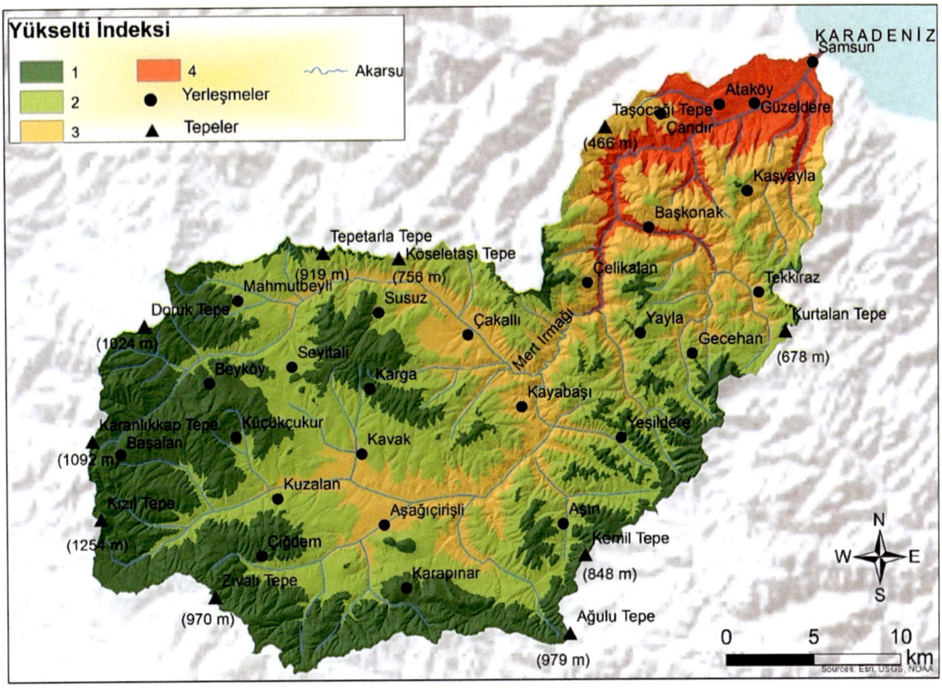

Şekil 74. Heyelan riski için hazırlanmış yükseklik parametresinin indeks sınıf dağılım haritası

Akarsu, eğimin stabilitesini kontrol eden bir etmendir. Akarsular, eğimi aşındırarak veya malzemenin alt kısmını doyurarak stabiliteyi olumsuz etkileyebilir (Dai ve ark., 2001; Saha ve ark., 2002). Akarsuya olan yakınlık pek çok çalışmada kullanılmıştır (Gökceoglu ve Aksoy 1996; Pourghasemi ve ark., 2012; Chen ve ark., 2016; Moosavi ve Niazi, 2016; Hong ve ark., 2017; Pradhan ve ark., 2017; Shirzadi ve ark., 2017; Yan ve ark., 2019). Yalçın ve ark. (2011) yapmış oldukları çalışmada akarsuya yakınlık parametresi ele alınmış ve akarsuya yakınlık derecesine göre sınıflandırma işlemi gerçekleştirmişlerdir. Mandal ve Mandal (2018) akarsuya olan mesafeyi AcGIS'de buffer oluşturarak üretmişlerdir. Çalışma alanında da akarsuya yakınlık ArcGIS buffer oluşturularak üretilmiştir. Taşkın parametresi de olan akarsuya yakınlık aynı taşkındaki gibi akarsuya yaklaştıkça risk artmakta ve akarsudan uzaklaştıkça risk azalmaktadır (Şekil 56). Bu nedenle de taşkın kısmında akarsuya yakınlık verisi ile heyelan da akarsuya yakınlık aynıdır. Bu kısımda harita tekrar verilmemiştir. Çalışma alanında en geniş yayılış gösteren sınıf 348 km² ile 1. sınıftır. 4. sınıf en riskli sınıf ise 161 km² ile alanın %19,7'sini oluşturmaktadır (Tablo 35).

Yol yoğunluğu da aynı akarsu yoğunluğu gibi heyelanda etkili olan parametrelerdendir. Yol yapımı kazı ile ilgilidir ve yamaç dengesini bozar (Yan ve ark., 2019). Yamaçta açılan bir yol su akışı için bir duvar rolü oynayarak genellikle heyelanlara neden olan faktördür (Yalçın ve ark., 2011). Yani yamaçta, suyun kararsız kısımlarında konsantre olabilen yollar suyun hidrolojik değimindeki önemli bir noktadır (Walker ve Shiels, 2013). Yola olan yakınlık parametresinin kullanıldığı birçok çalışma bulunmaktadır (Yalçın, 2008; Mondal ve Maiti, 2013; Çellek ve ark., 2015; Chen ve ark., 2016; Moosavi ve Niazi, 2016; Hong ve ark., 2017; Aghlmand ve ark., 2020). Çalışma alanının yola yakınlık haritasında yollar ve 250 metre yakını riskli sınıf olan 4. sınıftır (Şekil 75). 4. sınıf 296 km^2 ile çalışma alanında en geniş yayılıştadır (Tablo 35). 1. sınıf olan yoldan uzaklaştıkça heyelan riskinin azaldığı sınıf ise 152 km^2 ile çalışma alanının %18,6'sını oluşturmaktadır.

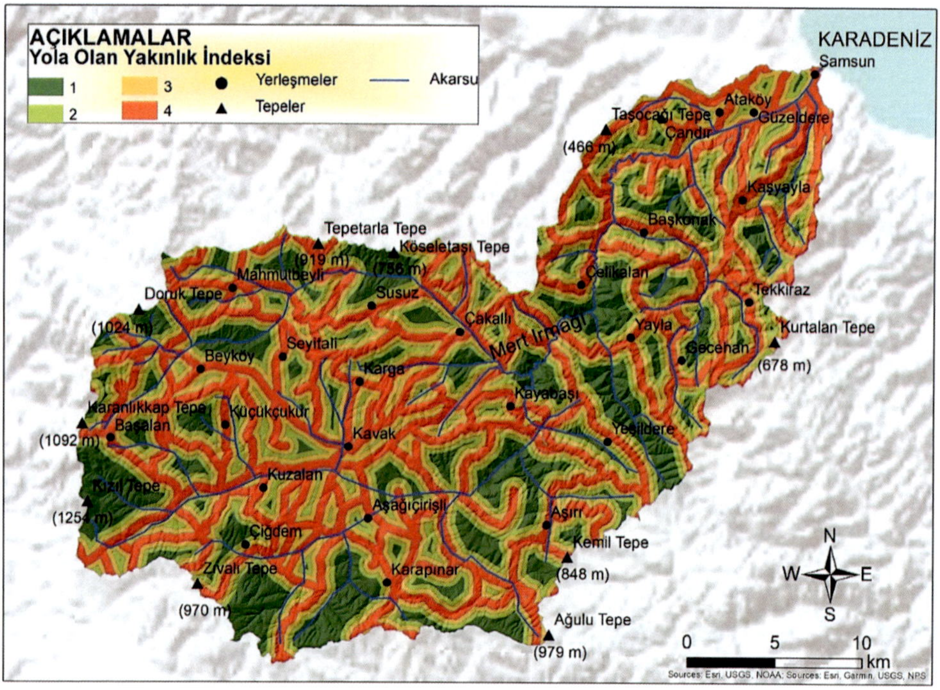

Şekil 75. Heyelan riski için hazırlanmış yola yakınlık parametresinin indeks sınıf dağılım haritası

4.3.2.Heyelan Riski

AHS ile hesaplanmış heyelan risk analiz haritası için ikili karşılaştırmalar matrisi Tablo 36'da verilmiştir.

Tablo 36. Heyelan için belirlenmiş parametrelerin ikili karşılaştırmalar matrisi.

İkili Karşılaştırmalar Matrisi										
	Yağış	Eğim	Arazi Kullanımı	Bitki örtüsü kapalılık	Jeoloji	Toprak	Akarsuya yakınlık	Yola yakınlık	Yükseklik	Bakı
Yağış	1	1/3	2	3	1/3	3	3	3	2	3
Eğim	3	1	2	2	1/3	3	3	3	3	3
Arazi Kullanımı	1/2	1/2	1	2	1/3	3	3	3	2	3
Bitki örtüsü kapalılık	1/3	1/2	1/2	1	1/5	3	3	3	1/2	1/2
Jeoloji	3	3	3	5	1	3	3	3	5	5
Toprak	1/3	1/3	1/3	1/3	1/3	1	1/3	1/5	1/5	1/5
Akarsuya yakınlık	1/3	1/3	1/3	1/3	1/3	3	1	1/3	1/3	1/2
Yola yakınlık	1/3	1/3	1/3	1/3	1/3	5	3	1	3	3
Yükseklik	1/2	1/3	1/2	2	1/5	5	3	1/3	1	2
Bakı	1/3	1/3	1/3	2	1/5	5	2	1/3	1/2	1

İkili karşılaştırmalar matrisinden sonra parametrelerin normalize edilmiş değerleri ve öncelik vektörü hesaplanmıştır (Tablo 37). Buna göre 0.249 ağırlık değeri ile jeoloji parametresi en yüksek ağırlığa sahiptir. Heyelanın oluşmasında ana kayanın etkisi en önemli etki olarak tespit edilmiştir. Bunu eğim (0,155) ve yağış kriterleri (0,125) izlemektedir. Arazi üzerindeki ana kayadan sonra eğim değerleri ve kuşkusuz ki heyelanın sebeplerinden bir tanesi olan yağış parametresi gelmektedir. Tutarlılık oranı 0,08 bulunarak tutarlı kabul edilmektedir.

Tablo 37. Heyelan riskinde kullanılan parametrelerin ağırlık değerleri

Öncelik Vektör			
	Normalize Edilmiş Satırlar Toplamı	Normalize Edilmiş Satırlar Ortalaması	Öncelik Vektörü
Yağış	1,245	1,245/10	0,125
Eğim	1,549	1,549/10	0,155
Arazi Kullanımı	1,065	1,065/10	0,107
Bitki örtüsü kapalılık	0,703	0,703/10	0,070
Jeoloji	2,492	2,492/10	0,249
Toprak	0,301	0,301/10	0,030
Akarsuya yakınlık	0,417	0,417/10	0,042
Yola yakınlık	0,866	0,866/10	0,087
Yükseklik	0,755	0,755/10	0,076
Bakı	0,605	0,605/10	0,061

Parametreler ve ağırlıkları hesaplandıktan sonra ArcGIS'de Spatial Analyst aracında her bir parametre için ağırlıkları oranında çakıştırma işlemi gerçekleştirilmiştir. Elde edilen heyelan risk dağılım haritasına göre çalışma alanının 275 km²'lik alanı yüksek derecede riskli sınıftadır (Şekil 76, Tablo 38). Bu sınıf çalışma alanının orta kesiminde yayılış gösterir. Orta riskli heyelan sınıfı ise 267 km² ile çalışma alanında 2. en yüksek yayılışa sahiptir (Şekil 75). Elde edilen risk haritası üzerine AFAD'dan ve Duman ve ark. (2011) alınan heyelan noktaları verileri de işlenmiştir. Bu durumda elde edilen haritadaki riskli alanlarda heyelanların olduğu görülmektedir (Şekil 77, Şekil 78). Ayrıca heyelan riski yüksek alanların da yerleşme alanına açıldığını söyleyebiliriz. Nüfus açısından ciddi problemlere sebep olacağını söylemek mümkündür. Samsun-Kavak karayolunda da heyelanlara rastlanmıştır (Şekil 79). Yapılan planlama çalışmalarında bütün bunların önüne geçilmeli bir an önce tedbir alınmalıdır.

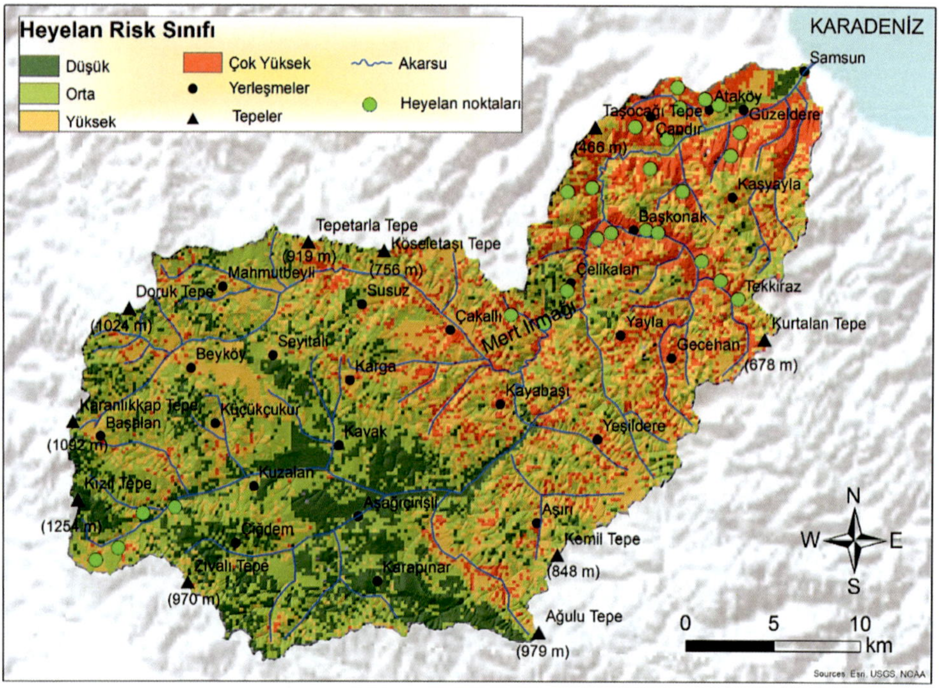

Şekil 76. Çalışma alanının heyelan risk haritası.

Tablo 38. Çalışma alanının heyelan riskinin alansal ve oransal dağılımı.

	Tanımlama	Alan (km²)	Oran (%)
1	Düşük	136	16,6
2	Orta	267	32,7
3	Yüksek	275	33,7
4	Çok yüksek	139	17,0
Toplam		817	100,0

Şekil 77. Çandır köyü yakınlarındaki heyelan ve oluşturduğu göl

Şekil 78. Çalışma alanındaki Ataköy yakınlarında bir heyelan ve yüzeydeki deformasyonlar.

Şekil 79. Samsun- Kavak karayolundaki yol kenarındaki heyelan örneği.

SONUÇ VE ÖNERİLER

Çalışma alanının sınırlarını Mert Irmağı havzası oluşturmaktadır. Havza Karadeniz Bölgesi'nin Orta Karadeniz Bölümünde yer almaktadır (Şekil 1). Su bölümü hattı çevredeki Taşocağı Tepe (466 m) Köselitaş Tepe (756 m), Tepetarla Tepe (919 m), Doruk Tepe (1024 m), Karanlıkkap Tepe (1092 m), Kızıl Tepe (1254 m), Zıvalı Tepe (970 m), Ağulu Tepe (979 m), Kernil Tepe (848 m) ve Kurtalan Tepe'den (678 m) geçmektedir. Çalışma alanı Samsun ilinin merkez ve Kavak ilçesi sınırlarındadır. Alan 0 metre deniz seviyesinden başlayarak 1313 m yükseltiye kadar çıkmaktadır.

Çalışma alanında en yaşlı birim Mesozoyik yaşlıdır. Mesozoyikten Kuvaterner'e kadar farklı yaşta ve özellikte birimler görülmektedir. En genç birim Kuvaterner yaştadır. Çalışma alanında en geniş alan kaplayan birim Üst Kretase yaşlı karbonatlılar ve kırıntılılardır. Çalışma alanında 367 km^2'lik bir alan kaplamaktadır.

Havzanın iklim özellikleri için yakın çevresindeki Samsun ve Ladik meteoroloji istasyonu verilerinden faydalanılmıştır. Samsun meteoroloji istasyonu verilerine göre uzun yıllık sıcaklık ortalaması 14.5 °C Ladik meteoroloji istasyonu verilerinde ise 9.4 °C'dir. Yıllık toplam yağış ise Samsun'da 718.3 mm Ladik'te ise 602 mm'dir. Thorthwiate'e göre Samsun C2 B'2 s b'4 Yarı Nemli 2. Derece Mezotermal Su noksanı yaz mevsiminde ve orta derecede olan Ladik ise C1 B'1 s b'3 Yarı Kurak-Az Nemli 1. Derece Mezotermal Su fazlası kış mevsiminde ve orta derecede olan iklim sınıfındadır.

Çalışma alanı Karataş Havzası, Cevizli Irmağı, Kavak Irmağı, Kara Dere, Koyungölü Deresi, Çığıl Deresi, Darıca Irmağı, Tuzla Deresi ve Yılanlı Deresi olmak üzere toplam 9 tane alt havzadan oluşturmaktadır. Strahler'e (1964) göre çatallanma dizini 7'dir. Çatallanma oranı 1.14 ile 2.19 arasında değişmektedir.

Samsun İli Arazi Varlığı Raporları verilerine göre araştırma sahasında beş toprak tipi görülmektedir. Buna göre kahverengi orman toprakları (%63,4) çalışma alanında en geniş yayılış alanına sahiptir. Kestanerengi topraklar çalışma alanının %16,5'lik kısmını oluşturmaktadır. Çalışma alanının güneybatısında yayılış göstermektedir. Alüvyal topraklar ise kıyıda akarsu ağız kısmında ayılış gösterir ve 8 km^2'lik alan kaplamaktadır. En az yayılışa sahip topraklardır.

Çalışma alanında I., II., III., IV., VI. ve VII. sınıf araziler yayılış göstermektedir. En fazla yayılış gösteren sınıf VII. sınıf arazileridir. Çalışma alanında en az yayılış gösteren sınıf I. sınıf arazileridir ve 16 km^2'lik alan kaplamaktadır.

Çalışma alanının derinlik haritasında ise derin topraklar 26 km^2'lik alan kaplayarak havzanın %3,2 sini oluşturmaktadır. Sığ ve çok sığ toprakların 627 km^2'lik alanla havzanın %76,7'sini kaplamaktadır.

Havzadan alınan 90 toprak örneğinden her bir nokta için kum, silt, kil, organik madde, geçirgenlik ve strüktür analizleri yapılmış ve K değeri elde edilmiştir. Buna göre çalışma alanının büyük bir kısmı orta derecede aşınabilir özelliktedir. 672 km^2'lik alanla alanın %82,3'ünü oluşturmaktadır. Çok az aşınabilir sınıfı ise 1 km^2'lik alan ile çalışma alanının %0,1'ini oluşturmaktadır.

Çalışma alanının arazi kullanımı CORINE 2018'da üretilmiştir (European Environment Agency, 2018). Çalışma alanında ormanlar 315 km^2 ile en geniş alanı oluşturmaktadır. Orman alanlarını doğal bitki örtüsü ile birlikte bulunan tarım alanları (192 km^2) ve sulanmayan ekilebilir alanlar (140 km^2) takip etmektedir. Yeşil şehir alanları ise 0.3 km^2 alanla çalışma alanında en az alan kaplayan sınıftır.

Çalışmada risk analizleri AHS tekniği ile yapılmıştır. Buna göre erozyon risk dağılım haritasında çalışma alanının 275 km^2'lik alanı orta derecede riskli sınıftadır. Bu sınıf çalışma alanının orta kesiminde yayılış gösterir. Şiddetli erozyon riski ise 156 km^2'e ile çalışma alanında 2. en yüksek yayılışa sahiptir.

Elde edilen taşkın risk dağılım haritasına göre çalışma alanının 54 km^2'lik bölümü yüksek risktedir. Mert Irmağı'nın denize döküldüğü, eğimin azaldığı ağız kısımda ve Kavak ilçe merkezi çevresinde yüksek riskli alanlar görülmektedir. Düşük riskli alanlar 290 km^2 ile çalışma alanının %35,5'ini oluşturmaktadır.

Elde edilen heyelan risk dağılım haritasına göre çalışma alanının 275 km^2'lik alanı yüksek derecede riskli sınıftadır. Bu sınıf çalışma alanının orta kesiminde yayılış gösterir. Orta erozyon riski ise 267 km^2'e ile çalışma alanında 2. en yüksek yayılışa sahiptir.

Çalışma alanı Samsun İlkadım Canik ve Kavak ilçelerini içine almaktadır. Bu kitapla birlikte saha ile ilgili ayrıntılı bir veri seti oluşturmaktadır. Yerel yöneticiler risk haritalarını esas alarak planlama çalışmaları yapabilirler. Ayrıca bu kitapta büro ve arazi çalışmaları birlikte yoğun bir şekilde yapılmıştır. Günümüz teknolojilerinden CBS'nin kullanılması ve laboratuvar çalışmalarının yapılmış olması farklı yöntem ve teknikleri bir arada değerlendiren bir çalışma olması bakımından önemlidir.

Elde edilen risk haritaları sonucunda başlıca öneriler şu şekilde sıralanabilir:

Çalışma alanında yanlış arazi kullanımının önüne geçilmeli ve araziye en uygun kullanım planlaması yapılmalıdır.

Çalışma alanında özellikle güneydeki kurak ve yarı kurak arazi de erozyonu riskinin fazla olduğu görülmektedir. Erozyonu önlemek için tarım arazilerini eğim yönünde sürmemek gerekir. Arazideki tahribatın önüne geçilmeli ki insandan kaynaklanan ve risk teşkil edecek erozyonun önüne geçilmiş olsun.

Çalışma alanında taşkın risk durumu sonuçlarında taşkınların meydana gelmesindeki en önemli sebeplerden biri dere yataklarının insanlar tarafından daraltılması ya da doldurulmasıdır. Özellikle dere yataklarının yerleşim yeri olarak açılmasıdır. Bu nedenle taşkın riskinin yüksek olduğu alanlarda imar planları daha dikkatli yapılmalıdır. Dere yatakları temizlenerek ıslah edilmelidir. Akarsu üzerine yapılacak yol, köprü, menfez vb. yapıların akarsuyun uzun dönemlik verileri incelenmeli ve taşkın zamanındaki akımları dikkate alınarak yapılmalıdır.

Çalışma alanında oluşturulan risk analizlerinden biri de heyelanlardır. Heyelan riskinin yüksek olduğu yerlerde yapılaşmanın önüne geçilmelidir. Özellikle ilçe merkezlerindeki yerleşim alanlarında heyelana rastlanmıştır. Heyelan alanlarında yamaç dengesini bozacak herhangi bir yapının önüne geçilmelidir. Yol, köprü, yerleşme vb. insani yapılar yapılırken heyelan durumu da göz önüne alınmalı ve ona göre planlanmalıdır.

KAYNAKLAR

Aghlmand, M., Onur, M.İ., Talaei, R., 2020. Heyelan Duyarlılık Haritalarının Üretilmesinde Analitik Hiyerarşi Yönteminin ve Coğrafi Bilgi Sistemlerinin Kullanımı. Avrupa Bilim ve Teknoloji Dergisi Özel Sayı, S. 224-230.

Akgun, A., 2012. A comparison of landslide susceptibility maps produced by logistic regression, multi-criteria decision, and likelihood ratio methods: a case study at İzmir, Turkey. Landslides 9 (1), 93–106.

Aleotti, P., 2004. A warning system for rainfall-induced shallow failures. Eng Geol 73:247–265.

Ali A.SK., Parvin F., Vojteková J., Costache R., Thi Thuy Linh N., Pham Q.B., Vojtek M., Gigović L., Ahmad, A., Ghorbani, M.A., 2021. GIS-based landslide susceptibility modeling: A comparison between fuzzy multi-criteria and machine learning algorithms, Geoscience Frontiers Volume 12, Issue 2, March 2021, Pages 857-876.

Anonim, 1987. Toprak Kaynakları İl Envanter Raporları Samsun. TOPRAKSU Genel Müdürlüğü Yayınları, Ankara.

Anonim, 2019a. Birleşmiş Milletler İklim Değişikliği Sözleşmesi https://iklim.csb.gov.tr/birlesmis-milletler-iklim-degisikligi-cerceve-sozlesmesi-i-4362. Erişim Tarihi: 20.01.2019.

Anonim, 2019b. DSİ Akım gözlem yılıkları. https://www.dsi.gov.tr/Sayfa/Detay/744. Erişim Tarihi: 20.03.2019.

Anonim, 2019c. *DSİ Genel Müdürlüğü Yaşanan Felaketin Boyutunu Ortaya Koydu.* https://www.haberler.com/dsi-genel-mudurlugu-yasanan-felaketin-boyutunu-3763499-haberi/ (Erişim tarihi: 14.01.2019)

Anonim 2019d. ntv samsun seli ile ilgili galerisi. https://www.ntv.com.tr/galeri/turkiye/samsunda-sel-9-can aldi,Qz9WsxxiRUuFyoEQ6BtJHg/eoOyue7qi0WgJhqrC7s__A Erişim Tarihi: 10.01.2019.

Anonim, 2020a. Toprak ve Arazi Sınıflaması Standartları Teknik Talimatı https://www.tarimorman.gov.tr/Belgeler/Mevzuat/Talimatlar/ToprakArazi SiniflamasiStandartlariTeknikTalimativeIlgiliMevzuat_yeni.pdf Erişim Tarihi: 06.05.2020.

Anonim, 2020b. Nüfus ve demografi İstatistikleri. Türkiye İstatistik Kurumu (TÜİK), https://data.tuik.gov.tr/Kategori/GetKategori?p=nufus-ve-demografi-109&dil=1. Erişim Tarihi: 20.12.2020.

Anonim, 2020c. UNDRR PRess release on the report “The Human Cost of Disasters 2000-2019”. https://reliefweb.int/report/world/human-cost-disasters-overview-last-20-years-2000-2019 Erişim Tarihi: 14.012021.

Anonim, 2020d. Afet Yönetımı Kapsamında 2019 Yılına Bakış ve Doğa Kaynaklı Olay İstatıstıklerı, https://www.afad.gov.tr/afet-istatistikleri, Erişim Tarihi: 14.01.2020.

Anonymous, 1999. Soil Survey Staff. A Basic of Soil Classification for Making and Interpreting Soil Survey. U.S.D.A Handbook No: 436, Washington D.C.

Arca, D., Kutoğlu, Ş.H., 2017. Frekans Oranı Metodu ile Heyelan Duyarlılık Haritasının Üretilmesi TMMOB Harita ve Kadastro Mühendisleri Odası, 16. Türkiye Harita Bilimsel ve Teknik Kurultayı, 3-6 Mayıs 2017, Ankara.

Arnoldus, H.M.J., 1977. Methodology used to determine the maximum potential average annual soil loss due to sheet and rill erosion in Morocco, *FAO (Food and Agriculture Organization of the United Nations) Soils Bulletin*, 34, 39-44.

Atalay, İ., 1982. Toprak Coğrafyası, Ege Üniversitesi Sos. Bil. Fak Yay.8, İZMİR.

Atalay, İ., 1986. *Uygulamalı hidroğrafya.* Ege Üniversitesi, Edebiyat Fakültesi Yayınları, Yayın No: 38, İzmir.

Atalay, İ., 2013, Doğa Bilimleri Sözlüğü, Biyoloji, Coğrafya, Ekoloji, Jeoloji, Orman ve Toprak, İZMİR.

Aydın, A., Tecime, H.B., 2010. Temporal soil erosion risk evaluation: a CORINE methodology application at Elmalı dam watershed, Istanbul, Environ Earth Sciences 61:1457–1465.

Bahadır, M., 2014. Samsun’da meydana gelen 4 Temmuz ve 6 Ağustos 2012 taşkınlarının klimatik analizi. *Coğrafya Dergisi.* 29. 28–50.

Bamutaze, Y., Mukwaya, P., Oyama, S., Nadhomi, D., Nsemire, P., 2021. Intersecting RUSLE modelled and farmers perceived soil erosion risk in the conservation domain on mountain Elgon in Uganda, Applied Geography 126, 102366.

Bayramin, İ, Erpul, G., Erdoğan, H. E., 2006. Use of CORINE Methodology To Assess Soil Erosion Risk İn The Semi-Arid Area of Beypazarı. Ankara, Turkısh Journal Of Agrıculture And Forestry 30, 81-100.

Bhatt, B. P., Awasthi, K. D., Heyojoo, B. P., Silwal, T., Kafle, G., 2013. Using Geographic Information System and Analytical Hierarchy Process in

Landslide Hazard Zonation. Applied Ecology and Environmental Sciences, 1 (2), 14-22.

Bouyocous, G.J., 1951. A recalibration of the hidrometer method for making mechanical analysis of soils. Agronomy Journal, 43, 435-438.

Bonacci, O., Ljubenkov, L. and Roje-Bonacci, T., 2006. Karst flash floods: an example from the Dinaric karst (Croatia). Natural Hazards and Earth System Sci. 6 (2), 195-203.

Bucks, D. A., Sammıs, T.W., Dıckey, G. L., 1990. Irrigation for Arid Areas. In: G. J. Hoffman (Editor), Management of Farm Irrigation Systems, ASAE Monograph, St. Joseph, Michigan. s. 499-548.

Caine, N., 1980. The rainfall intensity–duration control of shallow landslides and debris flows. Geogr Ann A 62:23–27.

Chen,W.,Wang, J.L., Xie, X.S., Hong, H., Trung, N.V., Bui, D.T.,Wang, G., Li, X.R., 2016. Spatial prediction of landslide susceptibility using integrated frequency ratio with entropy and support vector machines by different kernel functions. Environ. Earth Science, 75 (20), 1344.

Clerici, A., Perego, S., Tellini, C., Paolo, V., 2002. A procedure for landslide susceptibility zonation by the conditional analysis method. Geomorphology 48 (4). 349-364.

Colkesen, I., Sahin, E.K., Kavzoglu, T., 2016. Susceptibility mapping of shallow landslides using kernel-based Gaussian process, support vector machines and logistic regression. J. Afr. Earth Sci. 118, 53–64. https://doi.org/10.1016/j.jafrearsci.2016.02.019.

CORINE. 1992. *Commission of the European Communities. Soil Erosion Risk and Important Land Resources*, Luxembourg.

Cruden, D. M., 1991. A simple definition of a landslide. Bulletin of the International Association of Engineering Geology 43 (1).

Çan, T., Duman, T. Y., Olgun, Ş., Çörekçioğlu, Ş., Karakaya Gülmez, F., Elmacı, H., Hamzaçebi, S., Emre, Ö., 2013. Türkiye Heyelan Veri Tabanı, TMMOB Coğrafi Bilgi Sistemleri Kongresi, 11-13 Kasım 2013, Ankara.

Çellek, S., Bulut, F., Ersoy, H., 2015. AHP Yöntemi'nin Heyelan Duyarlılık Haritalarının Üretilmesinde Kullanımı ve Uygulaması (Sinop ve Yakın Çevresi), Jeoloji Mühendisliği Dergisi 39 (2).

Çeliker, M., Nacar Koçer, N., Yıldız, O., 2020. Bingöl İl Merkesinde Taşkın Yayılım Alanlarının Coğrafi Bilgi Sistemleri ve HEC-RAS ile

Belirlenmesi. Artvin Çoruh Üniversitesi, Doğal Afetler ve Çevre Dergisi, 6 (2): 354-365. DOI: 10.21324/dacd.647877.

ÇEM, 2017. "Türkiye Çölleşme Modeli, Teknik Özet", Çölleşme ve Erozyonla Mücadele Genel Müdürlüğü, Ankara, Türkiye.

Çevik, E. ve Topal, T., 2003. GIS-Based Landslide Susceptibility Mapping for a Problematic Segment of the Natural Gas Pipeline, Hendek (Turkey), Environmental Geology, 44, 949-962.

Dai, F.C., Lee, C.F., Li, J., Xu, Z.W., 2001. Assessment of landslide susceptibility on the natural terrain of Lantau Island, Hong Kong. Environ. Geol. 43 (3), 381–391.

Dağ, S., 2007. Çayeli (Rize) ve Çevresinin İstatistiksel Yöntemlerle Heyelan Duyarlılık Analizi, Doktora Tezi, Karadeniz Teknik Üniversitesi, Fen Bilimleri Enstitüsü, Trabzon.

Dai, F.C., Lee, C.F., Li, J., Xu, Z.W., 2001. Assessment of landslide susceptibility on the natural terrain of Lantau Island, Hong Kong. Environ Geol 40:381–391.

Das, S., 2020. Flood susceptibility mapping of the Western Ghat coastal belt using multi-source geospatial data and analytical hierarchy process (AHP), Remote Sensing Applications: Society and Environment 20, 100379.

De Roo, A.P.J., 1993. Modelling Surface Runoff and Soil Erosion in Catchments Using Geographical Information Systems: Validity and Applicability of the 'ANSWERS' Model in Two Catchments in the Loess Area of South Limburg (The Netherlands) and one in Devon (UK). Netherlands Geog. Stud. 157. 295 p.

Demirağ Turan, İ. ve Dengiz, O., 2017. Çok Kriterli Değerlendirme ile Ankara Güvenç Havzası'nda Erozyon Risk Tahminlenmesi. Tarım Bilimleri Dergisi, 23(3), 285-297, doi: https://doi.org/10.15832/ankutbd.447600.

Demirağ Turan, İ., Özkan, B., Dengiz, O., 2020a. Bulanık mantık analitik hiyerarşik süreç (BAHS) ile Sinop İli erozyon duyarlılığının mekansal dağılımının belirlenmesi. Türk Coğrafya Dergisi (75), 57-70. DOI: 10.17211/tcd.716914.

Demirağ Turan, İ., Özkan, B., Türkeş, M., Dengiz, O., 2020b. Landslide susceptibility mapping for the Black Sea Region with spatial fuzzy multi-criteria decision analysis under semi-humid and humid terrestrial ecosystems. Theoretical and Applied Climatology (2020) 140:1233–1246 https://doi.org/10.1007/s00704-020-03126-2.

Dengiz, O., Akgül, S., 2005. Soil Erosion Risk Assessment of the Gölbaşı Environmental Protection Area and Its Vicinity Using the CORINE Model. *Turkısh Journal of Agrıculture And Forestry 29*, 439-448.

Di Traglia, F., Bartolini, S., Artesi, E., Nolesini, T., Ciampalini, A., Lagomarsino, D., Marti, J., Casagli, N., 2018. Susceptibility of intrusion-related landslides at volcanic islands: the Stromboli case study. Landslides 15 (1), 21–29.

Doğan, O., Güçer, C., 1976. Su Erozyonunun Nedenleri, Oluşumu ve Universal Denklem ile Toprak kayıplarının Saptanması. Köyişleri Bakanılğı Topraksu Genel Müd. Yay. Teknik Yayın No: 14.

Duc, D.M., 2012. Rainfall-triggered large landslides on 15 December 2005 in Van Canh District, Binh Dinh Province, Vietnam. Landslides 10, 219–230.

Duman, T.Y., Çan T. ve Emre, Ö., 2011. 1/1.500.000 ölçekli Türkiye Heyelan Envanteri Haritası. Maden Tetkik ve Arama Genel Müdürlüğü, Özel Yayınlar Serisi-27, Ankara, Türkiye. ISBN:978-605-1075-84-3.

Efe, R., 2010. *Biyocoğrafya.* 2. Basım, Bursa: MKM Yayıncılık.

Efe, H., Önen F., 2015. Batman Çayı'nın taşkın analizinin HEC-RAS programıyla yapılması, Dicle Üniversitesi Mühendislik Fakültesi Dergisi, Cilt:6 Sayı:2, 83-92.

Entezari, M., Honarmandnezhad, S., Shahzeidi, S. S., Nematolahi, F., 2013. Use of Modified CORINE Methodology for Comparison, Potential Soil Erosion and Actual Soil Erosion in the Basin Watershed- Jahrom, Fars, Iran. Journal of Basic and Applied Scientific Research, 3(3)183-188.

Ercanoglu, M., Gokceoglu, C., 2004. Use of fuzzy relations to produce landslide susceptibility map of a landslide prone area (West Black Sea Region, Turkey). Eng. Geol. 75, 229–250.

Erinç, S., 1965. Yağış Muessiriyeti Üzerine Bir Deneme ve Yeni Bir İndis. İstanbul Üniversitesi, Coğrafya Enstitüsü.

Erinç, S., 2012. *Jeomorfoloji-I,* İstanbul: Der Yayınları,

Ergun, O. N., 1982. Samsun Sinop Havzası, Bafra, Alaçam, Dikmen ve Gerze Dolayları Kretase-Tersier İstifinin Sedimantolojik İncelemesi. (Basılmamış Doçentlik Tezi), Samsun

ESRI, 2008. Using ArcGIS Geostatistical Analyst, Environmental Systems Research Institute, Redlands, CA, USA.

European Environment Agency, 2018. CORINE Land Cover. https://www.eea.europa.eu/publications/COR0-landcover.

Flanagan, D. C., Nearing, M. A., 1995. *USDA-Water erosion prediction project: hillslope and watershedmodel documentation.* NSERL Report No. 10.West Lafayette Ind. USDA-ARS National Soil Erosion Research Laboratory.

Gedik, A. Özbudak, N., İztan, H., Korkmaz, S., Ağrıdağ, D.S., 1981. Sinop Havzasının Jeolojisi ve Petrol Olanakları İle İlgili Ön Sonuçlar, TJK 35. Bilim Teknik Kurulu Bildiri Özet, Ankara

Gedik, A., Ercan, T., Korkmaz, S., 1982-83. Orta Karadeniz (Samsun-Sinop) Havzas"n"n Jeolojisi ve Volkanik Kayaçlar'ın Petrolojisi. MTA Dergisi Sayı. 99- 100, Ankara.

Gedik, A., Korkmaz, S., 1984. Sinop Havzasının Jeolojisi ve Petrol Olanakları, Jeoloji Mühendisliği, TMMOB Jeoloji Mühendisleri Yayın Organı, Sayı: 19 (53-79), Ankara

Gökçeoğlu, C., Aksoy, H., 1996. Landslide susceptibility mapping of the slopes in the residual soils of the Mengen region (Turkey) by deterministic stability analyses and image processing techniques. Eng Geol 44:147–161.

Guzzetti, F., Peruccacci, S., Rossi, M., Stark, C.P., 2008. The rainfall intensity–duration control of shallow landslides and debris flows: an update. Landslides 5, 3–17.

Gülmez, A., Vaheddoost B., 2020. Dijital Yükseklik Modeli ve HEC-RAS Simülasyonu Kullanarak Hurman Çayı'ndaki Potansiyel Taşkın Ovasının Haritalanması. in 4th International Symposium on Natural Hazards and Disaster Management 24-25 October 2020 (ISHAD2020 Bursa - Turkey) https://doi.org/10.33793/acperpro.03.02.22

Günal, H., Haktanır, K. ve Kapur, S., 2018. *The Soils of Turkey.* In: Kapur S, Akça E and Günal H (Eds). Historical Perspective of Soil Research in Turkey. 13-50.

Gürgen, G., 2004. Doğu Karadeniz Bölümü'nde Maksimum Yağışlar ve Taşkınlar Açısından Önemi, GÜ, Gazi Eğitim Fakültesi Dergisi, Cilt 24, Sayı:2, 79-92

Güney, Y., Turoğlu, H., 2018. Çok Ölçütlü Karar Analizi İle Erozyon Duyarlılık Çalışmalarında Erozyon Yüzeyleri Envanter Verisinin Kullanımı: Selendi Çayı Havzası Örneği. *Coğrafi Bilimler Dergisi, 16* (1), 105-119.

Guo, B., Zang, W., Yang,X., Huang, X., Zhang,R., Wu, H., Yang, L., Wang,Z., Suna, G., Zhang, Y., 2020. Improved evaluation method of the soil wind erosion intensity based on the cloud–AHP model under the stress of global climate change. Science of the Total Environment, 746. 141271.

Haidara, I., Tahri, M., Maanan, M., Hakdaoui, M., 2019. Efficiency of Fuzzy Analytic Hierarchy Process to detect soil erosion vulnerability. Geoderma 354, 113853.

Hoşgören, M. Y., 2013. *Hidrografya'nın Ana Çizgileri.* İstanbul: Çantay Kitabevi.

Hoşgören, M. Y., 2014. *Jeomorfoloji Terimler Sözlüğü.* İstanbul: Çantay Kitabevi.

Hong, H.Y., Pradhan, B., Sameen, M.I., Kalantar, B., Zhu, A.X., Chen, W., 2017. Improving the accuracy of landslide susceptibility model using a novel region-partitioning approach. Landslides 1, 1–20.

ICONA., 1997. Guidelines for Mapping and Measurement of Rainfall Induced Erosion Processes in the Mediterranean Coastal Areas. Priority Action Program Regional Activity Centre. Split, Croatia

IPCC Working Group II Contribution to AR5, 2014. Climate Change. IPCC Working Group II, Impacts, Adaptation, and Vulnerability, pp. 2014.

Işık F., Bahadır, M., Zeybek, H.İ., Çağlak, S., 2020. Karadere Çayı Taşkını (Araklı -Trabzon), Mavi Atlas, 8(2): 526-547.

İnandık, H., 1960. *Akarsu ve Göller.* İstanbul: Baha Matbaası.

Jackson, M.L., 1958. *Soil chemical analysis.* Prentice Hall Inc., Englewood Cliffs, N.J.

Jenks, G. F., 1967. The data model concept in statistical mapping. in International Yearbook of Cartography (ed. Frenzel, K.) Vol. 7, 186–190.

Kadıoğlu, M., 2008. Sel, Heyelan ve Çığ için Risk Yönetimi; Kadıoğlu, M. ve Özdamar, E., (editörler), "Afet Zararlarını Azaltmanın Temel İlkeleri"; s. 251-276, JICA Türkiye Ofisi Yayınları No: 2, Ankara.

Kavoura, K., Sabatakakis, N., 2020. Investigating landslide susceptibility procedures in Greece. Landslides 17 (1), 127–145.

Kayastha, P., Dhital, M. R., De Smedt, F., 2013. valuation of the consistency of landslide susceptibility mapping: a case study from the Kankai watershed in East Nepal, Landslides, 10, 785-799.

Kazakis N., Kougias I., Patsialis T., 2015. Assessment of flood hazard areas at a regional scale using an index-based approach and Analytical Hierarchy Process: Application in Rhodope–Evros region, Greece, Science of the Total Environment 538, 555–563.

Klute, A., Dirksen, C., 1986. *Hydraulic Conductivity and Diffusivity: Laboratory Methods. In: Methods of Soil Analysis, Part I,* Physical and Mineralogical

Methods. Pp: 687-732. ASA and SSSA Agronomy Monograph no 9(2nd ed), Madison.

Koçyiğit, M.B., Akay, H., 2018. Morfometrik parametreler yardımıyla havzada muhtemel taşkın riskinin tahmin edilmesi: Akçay Havzası örneği. Journal of the Faculty of Engineering and Architecture of Gazi University 33:4,1321-1332.

Komac, M., 2006., A landslide susceptibility model using the analytical hierarchy process method and multivariate statistics in perialpine Slovenia. Geomorphology 74 (1–4), 17–28.

Komolafe, A.A., Herath, S., Avtar, R., 2018. Methodology to assess potential flood damages in urban areas under the influence of climate change. Nat. Hazards Rev. 19, 05018001.

Kourgialas, N. N., Karatzas, G. P., 2011. Flood management and a GIS modelling method to assess flood-hazard areas—a case study. Hydrological Sciences Journal 56 (2), 212-225.

Kumar, N. V., Ganesh, L. S., 1996. A Simulation-Based Evaluation of the Approximate and Exact Eigenvector Methods Employed in AHP, European Journal of Operational Research, 95, 3, 656-662.

Lee, S., 2005. Application of logistic regression model and its validation for landslide susceptibility mapping using GIS and remote sensing data. Int. J. Remote Sens. 26, 1477–1491.

Luzi, L., Pergalani, F., 1999. Slope Instability in Static and Dynamic Conditions for Urban Planning: The "Oltre Po Pavese" Case History (Region Lombardia-Italy), Natural Hazards, 20, 57-82.

Mandal, B., Mandal, S., 2018. Analytical hierarchy process (AHP) based landslide susceptibility mapping of Lish river basin of eastern Darjeeling Himalaya, India. Advances in Space Research 62, 3114–3132.

Manrique, L. A., 1988. *LEAM: Land Erodibility Assessment Methodology*. Edit. & Pub. Shop, Honolulu, HI.

Mater, B., 1986, Toprak Oluşumu ve Erozyonu, İZMİR.

Meinhardt, M., Fink, M., Tunschel, H., 2015. Landslide susceptibility analysis in central Vietnam based on an incomplete landslide inventory: comparison of a new method to calculate weighting factors by means of bivariate statistics. Geomorphology 234, 80–97.

Meneses, B.M., Pereira, S., Reis, E., 2019. Effects of different land use and land cover data on the landslide susceptibility zonation of road networks. Nat. Hazards Earth Syst. Sci. 19 (3), 471–487.

MGM, 2019. *Samsun Ortalama Değerler Bülteni*, Samsun.

Moosavi, V., Niazi, Y., 2016. Development of hybrid wavelet packet-statistical models (WP-SM) for landslide susceptibility mapping. Landslides 13 (1), 97–114.

Msabi, M.M., Makonyo M., 2021. Flood susceptibility mapping using GIS and multi-criteria decision analysis: A case of Dodoma region, central Tanzania. Remote Sensing Applications: Society and Environment 21 (2021) 100445

Mondal, S., Maiti, R., 2013. Integrating the analytical hierarchy process (AHP) and the frequency ratio (FR) model in landslide susceptibility mapping of Shiv-khola Watershed, Darjeeling Himalaya. Int. J. Disaster Risk Sci. 4 (4), 200–212.

Morgan, R. P. C., Quinton, J. N., Rickson, J. R.J., 1992. Soil erosion prediction model for the Europian Community. GB-ISCO-WASWC.

Mohammed, S., Alsafadi, K., Talukdar, S., Kiwan, S., Hennawi, S., Alshihabi, O., Sharaf, M., Harsanyie, E., 2020. Estimation of soil erosion risk in southern part of Syria by using RUSLE integrating geo informatics approach, Remote Sensing Applications: Society and Environment 20, 100375.

Myronidis, D., Papageorgiou, C., Theophanous, S., 2016. Landslide susceptibility mapping based on landslide history and analytic hierarchy process (AHP). Nat. Hazards 81 (1), 245–263.

Nagarajan, R., Roy, A., Kumar, R.V., Mukherjee, A., Khire, M.V., 2000. Landslide hazard susceptibility mapping based on terrain and climatic factors for tropical monsoon regions. Bull Eng Geol Environ 58:275–287.

Newhall, F., Berdanier, C.R., 1996. Calculation of Soil Moisture Regimes from the Climatic Record. Soil Survey Investigations Report No. 46, National Soil Survey Center, Natural Resources Conservation Service, Lincoln, NE.

Oğuz, K. Oğuz E., Coşkun, M., 2016. Coğrafi Bilgi Sistemleri İle Taşkın Risk Alanlarının Belirlenmesi: Artvin İli Örneği, 4. Ulusal Taşkın Sempozyumu, 21-24 Kasım 2016, Rize.

Orman ve Su İşleri Bakanlığı, 2019. *Yeşilırmak Havası Taşkın Yönetim Planı. Orman ve Su İşleri Bakanlığı, Su Yönetimi Genel Müdürlüğü,* https://www.tarimorman.gov.tr/SYGM/Sayfalar/Detay.aspx?SayfaId=53 (Erişim 10.01.2019).

Öner, E., 1996. Samsun ve Çevresinin Jeomorfolojisi, Atatürk Kültür, Dil ve Tarih Yüksek Kurumu, Coğrafya Bilim ve Uygulama Kolu, Coğrafya Araştırma Dergisi, 04 (191-224), Ankara.

Özcan, Ö., 2017. Taşkın Tespitinin Farklı Yöntemlerle Değerlendirilmesi: Ayamama Deresi Örneği, Artvin Çoruh Üniversitesi Doğal Afetler Uygulama ve Araştırma Merkezi Doğal Afetler ve Çevre Dergisi, Cilt*:3 · Sayı:1 · Sayfa:9-27.*

Özdemir, H., 2007a. *Havran Çayı Havzasının (Balıkesir) CBS ve Uzaktan Algılama Yöntemleriyle Taşkın ve Heyelan Risk Analizi,* İ.Ü. Sosyal Bilimler Enstitüsü, Basılmamış Doktora Tezi, İstanbul.

Özdemir, H., 2007b. Farklı Senaryolara Göre Taşkın Risk Analizi: Havran Çayı Örneği (Balıkesir), TMMOB Afet Sempozyumu Bildiriler Kitabı, s.: 155-166, Ankara.

Özdemir, H., Akbulak, C., Özcan, H., 2011. Çokal Barajı (Çanakkale) çökme modeli ve taşkın risk analizi. *Uluslararası İnsan Bilimleri Dergisi,* 8:2.

Özşahin, E., 2013. Arnavutluk'ta Taşkın Risk Analizi, Uluslararası Avrasya Sosyal Bilimler Dergisi, Cilt:4, Sayı:12, ss: (91-109).

Özşahin, E., 2014. Tekirdağ İlinde CBS Tabanlı RUSLE Modeli kullanarak Erozyon Risk Değerlendirmesi. *Tekirdağ Ziraat Fakültesi Dergisi,* 11 (3).

Özşahin, E., 2015. Coğrafi Bilgi Sistemleri Yardımıyla Heyelan Duyarlılık Analizi: Ganos Dağı Örneği (Tekirdağ), Harita Teknolojileri Elektronik Dergisi Cilt: 7, No: 1, 2015 (47-63)

Pachauri, A.K., Gupta, P.V., Chander, R., 1998. Landslide Zoning in a Part of the Garhwal Himalayas, Environmental Geology, 36, 325-334.

Patrıche, C.V., Pırnau, R., Grozavu, A., Rosca, B., 2016. A Comparative Analysis of Binary Logistic Regression and Analytical Hierarchy Process for Landslide Susceptibility Assessment in the Dobrovat River Basin, Romania Pedosphere 26(3): 335–350. doi:10.1016/S1002-0160(15)60047-9.

Pektezel, H., 2015. Coğrafi Bilgi Sistemleri ve Analitik Hiyerarşi Yöntemi Kullanılarak Gelibolu Yarımadası'nda Heyelana Duyarlı Alanların Belirlenmesi, Turkish Studies *International Periodical For The Languages, Literature and History of Turkish or Turkic Volume 10/6 Spring 2015, p. 789-814 doi: http://dx.doi.org/10.7827/TurkishStudies.8182*

Pham, B.T., Avand, M., Janizadeh, S., Phong, T.V., Al-Ansari, N., Ho, L.S., Das, S., Le, H. V., Amini, A., Bozchaloei, S.K., Jafari, F., Prakash, I., 2020. GIS based hybrid computational approaches for flash flood susceptibility assessment. Water 12, 683.

Poiraud, A., 2014. Landslide susceptibility–certainty mapping by a multi-method approach: a case study in the tertiary basin of Puy-en-Velay (Massif central, France). Geomorphology 216, 208–224.

Pourghasemi, H.R., Pradhan, B., Gokceoglu, C., 2012. Application of fuzzy logic and analytical hierarchy process (AHP) to landslide susceptibility mapping at Haraz watershed, Iran. Nat. Hazards 63, 965–996.

Pradhan, B., Seeni, M.I., Kalantar, B., 2017. Performance Evaluation and Sensitivity Analysis of Expert-based, Statistical, Machine Learning, and Hybrid Models for Producing Landslide Susceptibility Maps, Laser Scanning Applications in Landslide Assessment. Springer International Publishing, Springer, Cham.

Predick, K.I., Turner, M.G., 2007. Landscape configuration and flood frequency influence invasive shrubs in floodplain forests of the Wisconsin River (USA). J. Ecol. 96 (1), 91–102.

Renard, K. G., Foster, G. R., Weesies, G. A. ve Porter, J. P., 1991. RUSLE, revised universal soil loss equation. *Journal Soil Water Conservation* 46 (1): 30–33.

Saaty, T. L., 1980. The Analytic Hierarchy Process. McGraw-Hill. New York.

Sarı, M. 1997. Türkiye'deki Hatalı ve Yanlış Arazi Kullanımının Boyutları ve Erozyonla Olan İlişkileri. TEMA Vakfı Eğitim Kursları. 25 s.

Saha, A.K., Gupta, R.P., Arora, M.K., 2002. GIS-based landslide hazard zonation in the Bhagirathi (Ganga) valey, Himalayas. Int. J. Remote Sens. 23 (2), 357–369.

Sarı, E., 2008. Samsun'un Genel Jeolojisi ve İmar Planı, Samsun.

Schultz, G. A., Engman, E. T., 2000, Remote Sensing in Hydrology ve Water Management, Springer-Verlag, Berlin.

Shahabi, H., Khezri, S., Bin Ahmad, B., Hashima, M., 2014. Landslide susceptibilitymapping at central Zab basin, Iran: A comparison between analytical hierarchy process, frequency ratio and logistic regression models. Catena 115, 55–70.

Shirzadi, A., Chapi, K., Shahabi, H., Solaimani, K., Kavian, A., Ahmad, B.B., 2017. Rock falln susceptibility assessment along a mountainous road: an evaluation of bivariate statistic, analytical hierarchy process and frequency ratio. Environ. Earth Sci. 76, 152.

Seejata, K., Yodying, A., Wongthadam, T., Mahavik, N., Tantanee, S., 2018. Assessment of flood hazard areas using Analytical Hierarchy Process over the Lower Yom Basin, Sukhothai Province. 7th International Conference on Building Resilience; Using scientific knowledge to inform policy and practice in diaster risk reduction, ICBR2017, 27-29 November 2017. Bangkok, Thailand.

Selçuk, L., Selçuk A.S., Kasapoğlu, D., 2016. Coğrafi Bilgi Sistemleri (CBS) Tabanlı Çok Kriterli Karar Analizi (Çkka) Kullanılarak, Van İli Merkez İlçelerinin Kentsel Taşkın Duyarlılık Değerlendirmesi, Van / Türkiye, Hacettepe Üniversitesi Yerbilimleri Uygulama ve Araştırma Merkezi Bülteni, 37 (1), 1-18.

Serdar, H.S., Biçer, Z., 1982. TPAO. Rp. No. 1519, Ankara

Song, Y.Q., Gong, J.H., Gao, S., Wang, D.C., Cui, T.J., Li, Y.,Wei, B.Q., 2012. Susceptibility assessment of earthquake-induced landslides using Bayesian network: a case study in Beichuan, China. Comput. Geosci. 42, 189–199.

Sönmez, M.E., Çelik, M.A., Seven, M., 2013. Coğrafi Bilgi Sistemleri ve Uzaktan Algılama Yardımıyla Kilis Merkez İlçesinin Erozyon Risk Alanlarının Belirlenmesi, *KSÜ Sosyal Bilimler Dergisi, 10* (1).

Strahler, A. N., 1964. Quantitative geomorphology of drainage basins and channel networks. In "Handbook of Applied Hydrology" (V.T. Chow, ed.) pp. 4-40-4-74, Newyork.

Sunkar, M. ve Tonbul, S., 2010. İluh Deresi Havzası'na (Batman) Yönelik Sel ve Taşkın Riski Analizleri, *e-Journal Of New World Sciences Academy*, Vol:5 No:4, 255-273.

Şahin, C., 2005. *Türkiye Fiziki Coğrafyası.* Ankara: Gündüz Eğitim Ve Yayıncılık.

Tağıl, Ş., 2007. Tuzla Çayı Havzasında (Biga Yarımadası) CBS-Tabanlı RUSLE Modeli Kullanarak Arazi Degradasyonu Risk Değerlendirmesi. *Ekoloji, 17,* 65, 11-20.

Taş, E., İçağa, Y., Zorluer, İ., 2016. Taşkın Yayılım Haritalarının Oluşturulması ve Taşkın Zarar Analizi: Akarçay Afyon Alt Havzası Örneği, Afyon Kocatepe Üniversitesi, Fen ve Mühendislik Bilimleri Dergisi, 16, 035602, 711-721.

Thornthwaite, C.W., 1948. An approach towards a rational classification of climate. Geographical Review, 38(1): 55-94.

Tokgözlü, A., Özkan, E., 2018. Taşkın Risk Haritalarında Ahp Yönteminin Uygulanması: Aksu Çayı Havzası Örneği, SDÜ Fen-Edebiyat Fakültesi Sosyal Bilimler Dergisi, Sayı: 44, Ss. 151-176.

Trout, T.J., 2000. The Environmental Impacts of Irrigation. Irrigation Journal, Sept/Octb. 2000, s. 8-12.

Turan, M, Dengiz, O, Demirağ Turan, İ., 2018. Samsun İlinin Newhall Modeline Göre Toprak Sıcaklık ve Nem Rejimlerinin Belirlenmesi. Türkiye Tarımsal Araştırmalar Dergisi, 5 (2), 131-142. DOI: 10.19159/tutad.382340

Turoğlu, H. ve Özdemir, H., 2005. *Bartın'da Sel ve Taşkınlar*. İstanbul: Çantay Kitabevi.

Turoğlu, H., Aykut, T., 2019. Ergene Nehri Havzası İçin Hidromorfometrik Analizlerle Taşkın Duyarlılık Değerlendirmesi, Jeomorfolojik Araştırmalar Dergisi, 2: 1-15.

Türkiye Çölleşme Modeli, 2015. Havza İzleme ve Değerlendirme Sisteminin Geliştirilmesi Projesi (HIDS PROJESİ), Türkiye Çölleşme Modeli Raporu. Türkiye Cumhuriyeti, Tarım ve Orman Bakanlığı, Çölleşme ve Erozyonla Mücadele Genel Müdürlüğü. Ankara.

UNCCD, 2016. Arazi Tahribatının Dengelenmesi Hedef Belirleme Programı Arazi Tahribatının Dengelenmesine Yönelik Hedef Belirlenmesi – Teknik Kılavuz

UN-OHRLLS, U.N.O. of the H.R. for the L.D.C., Landlocked Developing Countries and Small Island Developing States, 2015. The Impact of Climate Change. Degradation on the Development Prospects of Landlocked Developing Countries, Desertification and Land.

Uslu G., F., Sesli Uzun, B., 2018. Coğrafi Bilgi Sistemleri ile taşkın tehlike haritalarının Belirlenmesi. *Kent Akademisi.* 11 (4). 545-558.

Uzun, A., 1995. Erzurum çevresindeki sellere bir örnek: 16 Ağustos 1994, Rizekent seli. *OMÜ Eğitim Fakültesi Dergisi, 9*, 246–260.

Ülke, A., Uslu, A., Beden, N., 2013. Historical Chronology of Samsun City Floods and 2012 Year Samsun Flood (In Turkish). Taskin ve Heyelan Sempozyumu, 2013. 555-564.

Vulević, T., Dragović, N., 2017. Multi-criteria decision analysis for sub-watersheds ranking via the PROMETHEE method. Int. Soil Water Conserv. Res. 5, 50–55. https:// doi.org/10.1016/j.iswcr.2017.01.003.

Walker, L.R., Shiels, A.B., 2013. Landslide Ecology. Cambridge University Press, Cambridge.Williams, J. R., Jones, C. A. ve Dyke, P. T. (1990). The EPIC model. United States Department of Agriculture (USDA) Technical Bulletin No. 1768.

Williams, J. R., Jones, C.A., Dyke, P.T., 1990. The EPIC model. United States Department of Agriculture (USDA) Technical Bulletin No: 1768.

Wischmeier, W. H., Smith, D. D., 1978. *Predicting rainfall erosion losses USDA. Agricultural Handbook,* 537, Washington D.C.

Vahidnia, M.H., Alesheikh, A.A., Alimohammadi, A., Hosseinali, F., 2010. A GIS-based neuro-fuzzy procedure for integrating knowledge and data in landslide susceptibility mapping. Comput. Geosci. 36, 1101–1114.

Van Wambeke, A.R., 2000. The Newhall Simulation Model for Estimating Soil Moisture & Temperature Regimes. Department of Crop and Soil Sciences, U.S. Departmanet of Agriculture, Ithaca, N.Y. Washington, DC.

Van Wambeke, A., Hastings, P., Tolomeo, M., 1986. Newhall Simulation Model: A BASIC Program for The IBM PC. Department of Agronomy, Cornell University. Diskette and Booklet. Ithaca, NY. Washington, DC.

Van Wambeke, A., Hastings, P., Tolomeo, M., 1992. Newhall Simulation Model-A BASIC Program for the IBM PC (DOS 2.0orlater). Cornell University, Department of Agronomy, Ithaca, NY. Washington, DC.

Yalcın, A., 2008. GIS-based landslide susceptibility mapping using analytical hierarchy process and bivariate statistics in Ardesen (Turkey): comparisons of results and confirmations. Catena 72, 1–12.

Yalcin, A., Reis, S., Aydinoglu, A.C., Yomralioglu, T., 2011. A GIS-based comparative study of frequency ratio, analytical hierarchy process, bivariate statistics and logistics regression methods for landslide susceptibility mapping in Trabzon, NE Turkey. Catena 85, 274–287.

Yan, F., Zhang, Q., Ye, S., Ren, B., 2019. A novel hybrid approach for landslide susceptibility mapping integrating analytical hierarchy process and normalized frequency ratio methods with the cloud model, Geomorphology 327, 170–187

Zhang, Y., Smith, J.A., 2003. Space–time variability of rainfall and extreme flood response in the Menomonee River Basin, Wisconsin. J. Hydrometeorol. 4, 506–517.

Zhang, G., Cai, Y., Zheng, Z., Zhen, J., Liu, Y., Huang, K., 2016. Integration of the Statistical Index Method and the Analytic Hierarchy Process technique for the assessment of landslide susceptibility in Huizhou, China, Catena 142, 233–244.

Zhou, M., 2012. Soil erosion risk assessment with CORINE model: case study in the Danjiangkou Reservoir region, China, *Stochastic Environmental Research and Risk Assessment*, 26:813–822.

Zhu, A.X., Wang, R., Qiau, J., Qin, C.Z., Chen, Y., Liu, J., Du, F., Lin, Y., Zhu, T., 2014. An expert knowledge-based approach to landslide susceptibility mapping using GIS and fuzzy logic. Geomorphology 214, 128-138.